咖啡冲煮大全

COFFEE BREWING

咖啡职人的零失败手冲秘籍

林蔓祯 著
杨志雄 摄影

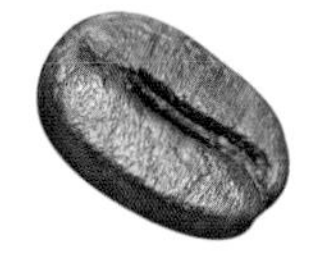

江苏凤凰科学技术出版社

推荐序1
PREFACE

踏入精品咖啡的世界，才感受到自身的渺小

“第三次咖啡革命”是近年来咖啡人常挂在嘴边的话题，大家的焦点往往集中在手工器具与特殊产区上。但是不要忘了，精品咖啡的精髓是“从种子到杯子”——咖啡从开始的种植到最后的冲煮，每一环节都必须严谨对待。所以，能够在这个行业里占有一席之地的达人们，也都熟悉这个道理。明悉各位前辈无私拿出的看家本领，是这本书最难得的一件事。

书中除了介绍达人们使用自己拿手咖啡器具的技巧外，也详细地记录各个冲泡的条件。若是熟悉萃取理论的人，更可以了解到：不同的达人对于咖啡的浓度与萃取率的理解，也有着极大的差异性。因此在学习、模仿这些达人们的冲煮方式前，也希望读者能先了解：为什么会用这样的条件冲煮？它的目的是什么？

毕竟，一家咖啡馆必须要做出一杯令顾客满意的咖啡，且每一种冲煮方式都必须回归到以人的喜好设定，所以不同风格的咖啡达人，自然会吸引到不同的消费群体，每种方式都不会有绝对的“是”与“非”。只要您能够洞悉咖啡萃取的本质，充分了解达人的目的，再内化成自己的知识与技能，相信您也能够创造出自己独特风格的冲煮方式。

《咖啡圣经》作者　刘家维

推荐序2
PREFACE

咖啡新人的“良师益友”

过去数年里，一直有与江苏凤凰科学技术出版社再续前缘，写一本专研手冲咖啡书籍的想法，浓缩沉淀日常咖啡经营和教学中的心得体会。但至今迟迟未能动笔，每想到此，颇有些遗憾和自责。

在精品咖啡逐渐大众化、全民咖啡浪潮渐兴的今天，市面上关于咖啡的书籍已多不胜数，但严格来论，好书占比还不算多，真正的精品佳作尚属稀缺。这是为何?一本精品咖啡读物的诞生谈何容易！除了笔者文笔功力足够、时间精力大量富余、设计美学与颜值惊艳绽放以外，自身对于咖啡理论与实践探究的深度与广度，原创性的认知体系架构呈现、笔者秉承的真诚分享意愿、冗长创作中愿意投入的心力等也都是必不可少的条件。“心力不足”便是我反思这两年自己创作乏力时找到的主要原因。

令人欢喜的是，《咖啡冲煮大全》属于那种令人赏心悦目、开卷有益的佳作，笔者不仅对于手冲滤泡咖啡讲解专业透彻，而且做到了深入浅出，拿捏恰当，更能从细节处感受到投入的巨大心力，令人不由钦佩。

2006年底我“误入咖啡歧途”创业实践，从咖啡馆到咖啡学院，宛如一叶扁舟，风雨漂泊，侥幸踏上了精品咖啡这波浪潮，乘风逐浪，这才存活至今。越是深入学习研究，越是深感自身认知之不足，越是意识到一本好书对于初入咖啡事业的新人之重要。希望如《咖啡冲煮大全》这般佳作越来越多，“良师益友”多了，咖啡行业才愈发醇香明媚。与大家共勉之。

铂澜咖啡学院　齐鸣

推荐序3
PREFACE

冲煮一杯好咖啡

关于咖啡基础知识的书在市面上其实不少，基本都会把常用冲煮工具“过一遍”。但其实咖啡从种子到杯子涉及的环节太多，能够把冲煮这部分很细致叙述的还真不多。本书抓住了“重点”，从不同冲煮类型，再到每个类型不同牌子的器具特性以及咖啡达人们对萃取的理解和手法等，都非常细致地做了总结归纳。说到底，很多技能都是从简到繁，又从繁回归到简。

入门的朋友通过这本书，可以了解大部分常用冲煮工具的技巧和原理，在自己动手出现问题的时候可以从分享达人们的经验中找到问题所在，从而可以选定一个适合自己的冲煮类型甚至某款型号的产品。当你自如地掌握了器具特性及萃取原理后，有些东西甚至可以取舍，成为自己的“个人风格”了。至于咖啡馆，为了使出品较易达到一致性，可以通过本书研究及选择那些失误率低的工具或冲煮技巧。玩法很多，也无对错，但这都在了解工具特性及萃取原理之后，所以这本书值得您一读。

咖啡沙龙　林健良

推荐序4
PREFACE

捣腾是为了美好的生活

大学以前的我是不喝咖啡的，进入研究所之后，恰好跟随一位美国老师，才开始慢慢发觉咖啡的有趣及亲民之处！老师每天早上都会泡上一壶美式咖啡，让我慢慢知道：咖啡喝起来不只有苦味！

咖啡的魅力与趣味，在我内心种下种子，让我更多地想要了解咖啡到底是什么，咖啡的美味背后的秘密，也让我每天都想要来杯自己做的好喝咖啡！

在实验室工作的好处，就是有着各种高档实验仪器来捣腾咖啡。就这样，一下子捣腾了两年。心中对咖啡的好奇与探究的欲望长出芽来，让我毅然地放弃了研究工作，投身咖啡产业，从一个咖啡馆的服务生做起，咖啡一做就是十个年头，至今我仍对咖啡充满着热情，每天也会冲泡咖啡给自己、身边的同事享用。为什么可以这样持之以恒？因为，一杯咖啡带来的，远远不只是咖啡因，它带来的是美好的生活！你要不要加入我们的行列，一起捣腾捣腾呢？

如果想加入，就好好地把《咖啡冲煮大全》看一看吧！

在实验室的那段日子，冲咖啡的技巧基本就是从到处问人中获得的，或者自己各种乱弄，然后总结出实验结论，走弯路是必不可少的。时至今日，资讯越来越发达，科学的研究也陆续投入，这让我们可以通过系统化的学习获得咖啡的制作与品鉴。

《咖啡冲煮大全》集结了现今基础的理论知识以及各家所长，相当于把咖啡美味的钥匙交到各位手上。把它读完，买包豆子、一套器具，找一个美好的时光，坐下来捣腾捣腾吧！

香记咖啡学院　查老师

自 序
PREFACE

只想冲杯好咖啡

提起喝咖啡的历史，若将欧洲比作睿智优雅的长者，中国台湾就是个活力充沛、青春孟浪的青年。我永远忘不了十多年前在维也纳百年咖啡馆内啜饮黑咖啡的记忆：典雅的装潢、古老的冲煮器具、顺喉润口的香醇滋味，透出浓厚的文化氛围与历史况味。在欧洲，这样的咖啡环境比比皆是。而中国台湾，喝咖啡的历史虽仅数十年，但在世界潮流带动之下，早已融入人们的日常生活之中，成为时尚的表征。民众也越来越在意咖啡的品质与冲煮方式，甚至开始尝试在家冲煮咖啡。

想冲杯好咖啡，关键因素有哪些？豆子品质、冲煮技巧、器具选择等，影响的因素很多。而根据欧洲精品咖啡协会（SCAE）的“金杯理论”（Gold Cup），冲煮一杯好的咖啡，必备四个重要参数，即：粉水比、研磨粗细、水温与冲煮时间。只要掌握这四项，不论使用何种冲煮器具，都能做出有水准的咖啡。当然，咖啡好不好喝相当主观，有人为深焙的焦糖甜苦味所着迷，也有人对清淡中带着果酸香气的极浅焙咖啡情有独钟，没有绝对的标准可循。

现在与咖啡相关的书籍已多不胜数，因此本书锁定“冲煮”领域，详细介绍各种冲煮器具的原理、技巧与手法，并由大师级的咖啡职人亲自示范、解说。此外，书中更利用仪器实际测出的浓度，提供精准的“萃取率”，让初学者能在科学数据的辅助下，保持稳定萃取的品质。其后的“职人小传”与“咖啡职人的咖啡馆”章节，则让读者了解咖啡师历经千锤百炼的成长过程，以及经营咖啡馆的背后甘苦与不为人知的动人故事。

衷心感谢《咖啡圣经》作者刘家维、铂澜咖啡学院院长齐鸣、咖啡沙龙联合创始人林健良和香记咖啡学院总经理查老师的推荐，让本书更具质与量。更要感谢职人无私的分享，在一次次的完美冲煮中，我看到的不仅是他们专业纯熟的技法、专注的自我训练，更多的是敬业的精神与态度。借由出书，可近距离亲炙大师风采，并重新认识咖啡、了解咖啡，进而品尝咖啡、领略咖啡，实是一大幸事。

咖啡是果实，是饮料，也是一种经营项目。喝咖啡是习惯，是文化，更是一种生活的态度。若您愿意按书中步骤亲自尝试，假以时日，必能发挥巧思与创意，改变配方或参数，调制成独一无二的私房饮品，并充分体会在家冲煮咖啡的自在与乐趣。

林蔓禎

目　录
CONTENTS

Part 1 冲煮方法

Chapter 1　手冲篇

Chapter 2　虹吸壶

Chapter 3　摩卡壶

Chapter 4　法式滤压壶

Chapter 5　爱乐压

Part2
咖啡职人的咖啡馆

本书使用说明

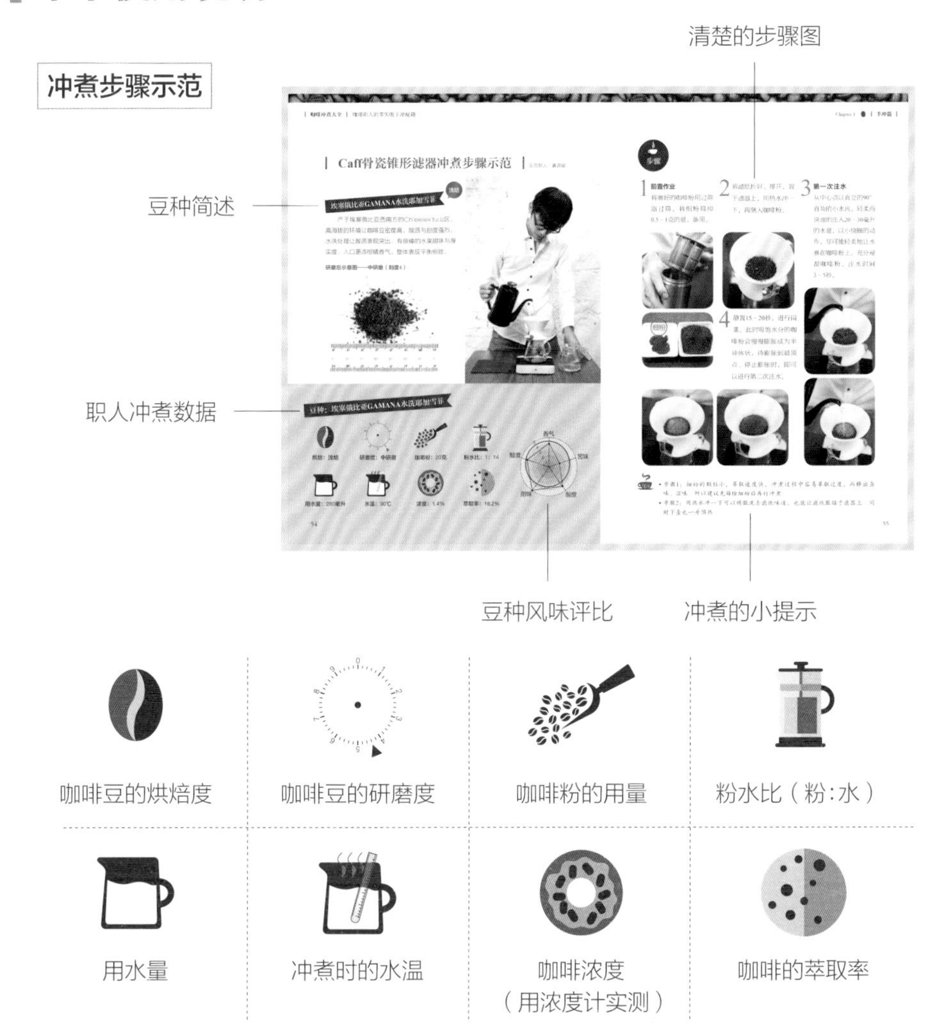

风味雷达图说明（数字越大，代表该种风味越浓、越突出）

味道	说明
香气（Aroma）	冲煮后的咖啡香味，是嗅觉与味觉的双重感受。
酸度（Acidity）	分布于舌头后侧的味觉，一种清爽、明亮、干净的感受，会为咖啡带来更丰富的层次。通常浅焙的咖啡豆酸度会较明显。
苦味（Bitter）	受豆种、产区、咖啡因、烘焙度与萃取时间等因素影响。深焙的豆子表现较为明显。
醇度（Body）	指咖啡在口中的浓稠感，从清淡、中度、深度，到有如糖浆、牛奶般的浓稠。
甜味（Sweet）	形容咖啡入口之后，回甘转甜的美妙感受。类似喝茶或饮酒，喝下后不仅口腔里尚有余味，甚至还会回甘，余韵无穷。

Tips

书中的浓度与萃取率为职人示范时的冲煮数据，仅供读者参考，不一定符合个人口味。职人皆建议在熟悉器材使用方法后，可试着调整相关参数，找出最适合自己的冲煮方式。

冲煮法结构图

手作咖啡冲煮

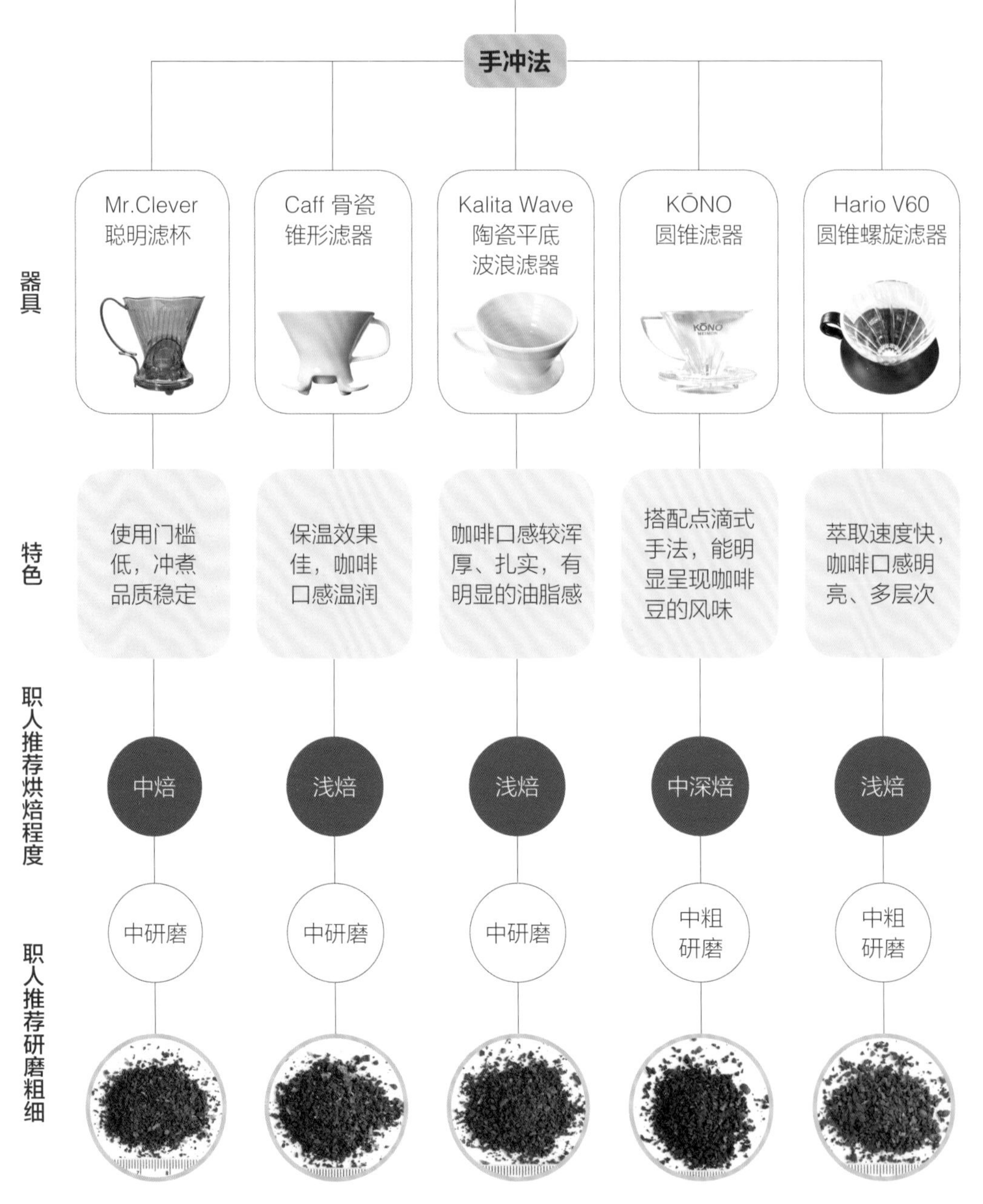

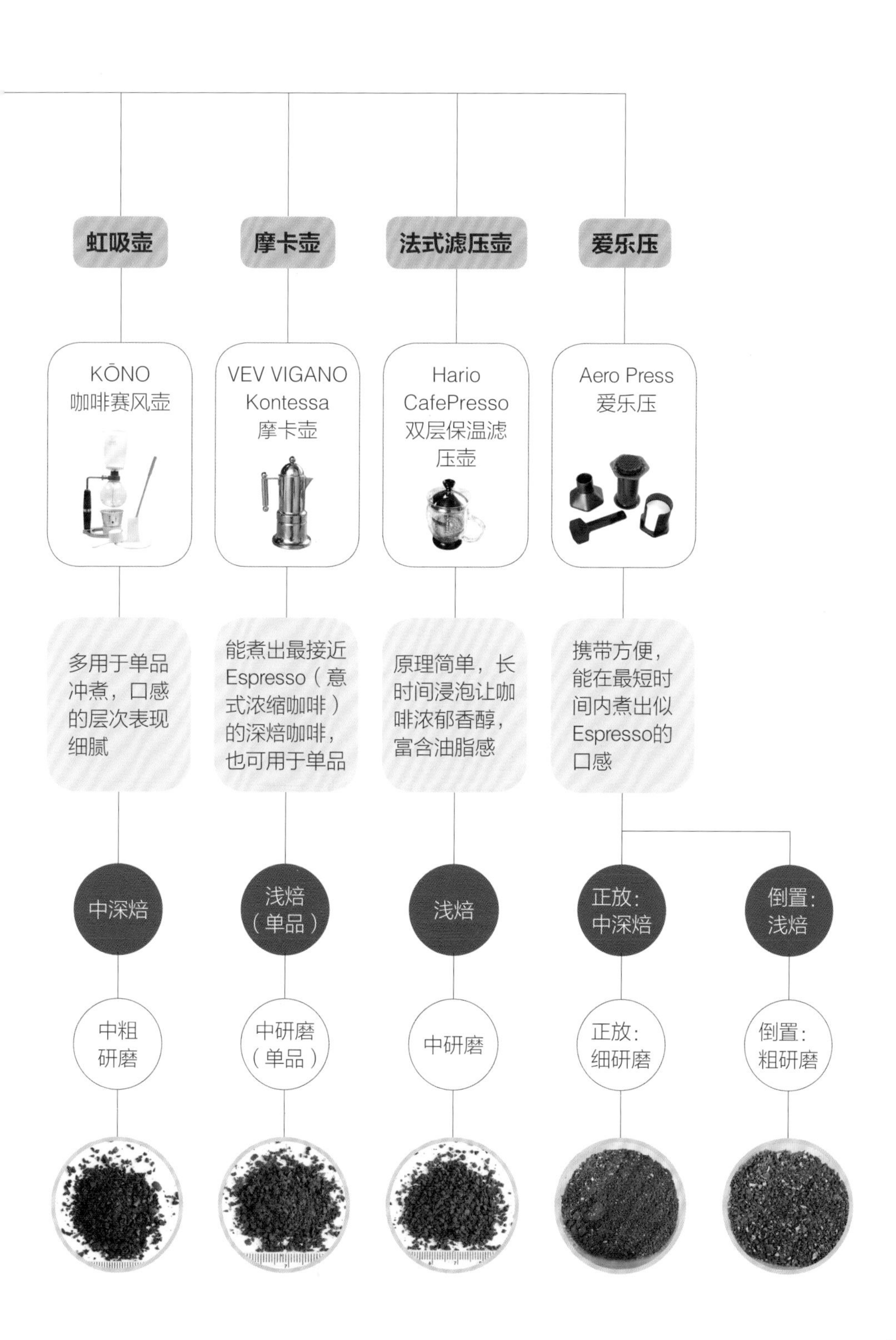

虹吸壶
摩卡壶
法式滤压壶
爱乐压
KŌNO
咖啡赛风壶
VEV VIGANO
Kontessa
摩卡壶
Hario
CafePresso
双层保温滤
压壶
Aero Press
爱乐压
多用于单品冲煮，口感的层次表现细腻
能煮出最接近Espresso（意式浓缩咖啡）的深焙咖啡，也可用于单品
原理简单，长时间浸泡让咖啡浓郁香醇，富含油脂感
携带方便，能在最短时间内煮出似Espresso的口感
中深焙
浅焙（单品）
浅焙
正放：中深焙
倒置：浅焙
中粗研磨
中研磨（单品）
中研磨
正放：细研磨
倒置：粗研磨

常见的咖啡冲煮方式
咖啡冲煮大赛指定的手作冲煮

本书将针对五大常见的咖啡冲煮法，分门别类地介绍并示范冲煮流程。

手冲法——重力滴滤

（Hand-Drip-Brewing或Pour-Over）

手冲法是流行多年、普及率最高，且操作方便的冲煮方式之一。不论居家或在办公室，只要准备一个滤器（滤杯）与一只手冲壶，就能冲杯咖啡，为忙碌的生活增添些许变化与活力。

手冲壶

手冲看似容易，其实技巧繁复，搭配不同构造的滤器与手冲壶，冲煮方式也有差异，并呈现出不同的风味与口感。本书手冲篇将依序分享聪明滤杯、Caff骨瓷锥形滤器、Kalita Wave陶瓷平底波浪滤器、KŌNO圆锥滤器与Hario V60圆锥螺旋滤器等5种手冲滤器和冲煮方式，让您在家冲煮也能轻松上手、快速入门。

手冲滤杯

虹吸壶——蒸馏浸滤

（Siphon coffee maker或Vacuum coffee maker）

虹吸壶，最早起源于1830年左右的德国，是利用热水加热至沸腾时产生的压力来冲煮咖啡的器具，英文Siphon就是“虹吸”的意思，所以称为“虹吸壶”或“赛风壶”。

直立式虹吸壶

虹吸壶历经近两百年来的淬炼，尽管在外型、设计上有所变化，但在咖啡冲煮领域始终有其一席之地。典雅透明的玻璃、立体流线的造型，既古典又现代，既神秘又新奇，糅合浪漫与科技的元素，是许多人对咖啡的集体记忆。每当开始冲煮时，像是进行某种仪式，优雅而慎重；当下壶的热水因温度提高而上升至上壶，与细黑的咖啡粉末相互交融、合为一体时，让人心中充满无限的敬意！

虽然曾因为意式咖啡机的问世虹吸壶受到冲击，但随着近年由精品咖啡界带动的第三次咖啡浪潮，虹吸壶的地位再度提升，几乎每一家精品咖啡店都能见到它的踪迹。

比利时壶，也称平衡式虹吸壶

摩卡壶——蒸馏加压

（Moka Pot）

摩卡壶，也称为意大利咖啡壶。1933年，意大利人阿方索·拜尔拉提（Alfonso Bialetti）发明了第一只摩卡壶，首款铝合金材质、独特八角造型的摩卡壶就此诞生，至今仍是许多意大利人喜爱的咖啡冲煮器。

摩卡壶拥有特殊的上、中、下（上壶、滤器、下壶）三层结构，是利用热水接近沸腾时的压力来烹煮咖啡的冲煮器，原理与虹吸壶类似。

摩卡壶

法式滤压壶——浸滤加压

（French Press）

法式滤压壶

法式滤压壶是欧洲常见的咖啡冲煮器具，由于操作简易又不占空间，非常适合生活步调匆忙快速的都市人使用。通过充分的浸泡，加上过滤的效果，就能萃取出一杯口感浓郁、味道香醇的咖啡。

由于其特别的滤压方式，冲煮出来的咖啡会带有些许的咖啡渣，口感相对粗犷厚实，不是每个人都能接受的。为改善这一问题，本书示范冲煮的咖啡师将推荐他个人的改良版冲泡方式，细节将于“法式滤压壶”一篇中完整介绍。

爱乐压——浸滤加压

（AeroPress）

爱乐压

爱乐压是创新型的咖啡冲煮器具，其原始设计理念与功能为“外出型的咖啡冲煮器”。其产品外包装上写有“意式浓缩咖啡制造者（Espresso maker）”的字样，也说明了爱乐压就是以替代意式咖啡机为构想所开发出来的产品。它结合了手冲的滴漏、滤压式的浸泡以及意式咖啡机的加压特性，能够做出口感浓郁好喝的咖啡，与意式咖啡机做出来的成品相比，近似度可达九成。

基本器具介绍

工欲善其事，必先利其器

只有先对各种器材有基本概念，才能以最轻松愉快的心情，冲出咖啡的好滋味。

磨豆机

主要以刀盘的形式来分类，一般可分为平刀式、锥刀式与鬼齿式三种。

平刀式刀盘

以“削”为概念，磨出来的咖啡颗粒偏片状。冲煮时，和水接触的面积比较大，能使可溶性物质快速溶解于水中，加速萃取速度，缺点是比较容易出现萃取过度的情形。

锥刀式刀盘

以“碾”为概念，磨出来的咖啡呈颗粒状，但有些厚度，因此萃取速度较慢，也必须花较多时间才能让内部吸收到水分。

鬼齿式刀盘

结合平刀与锥刀的特点所开发出的新式刀盘。磨出来的咖啡颗粒呈椭圆形，兼顾平刀吸水面积较大与锥刀体积的优势，同时还能改善平刀易萃取过度、锥刀萃取较慢的缺点，取长补短，目前使用者已越来越多。

过筛器

咖啡豆经过研磨后，可能产生过于细碎的颗粒，即“细粉”。由于细粉颗粒小，萃取速度快，冲煮过程中容易造成萃取过度，释出杂味、涩味，影响口感。这时可先用过筛器筛除细粉，然后再进行冲煮。

有着“小富士”昵称的Fuji Royal（富士皇家）R-220电动磨豆机，在咖啡馆中相当常见，有平刀式刀盘与鬼齿式刀盘两种类型，还有红、黑、黄等颜色选择。

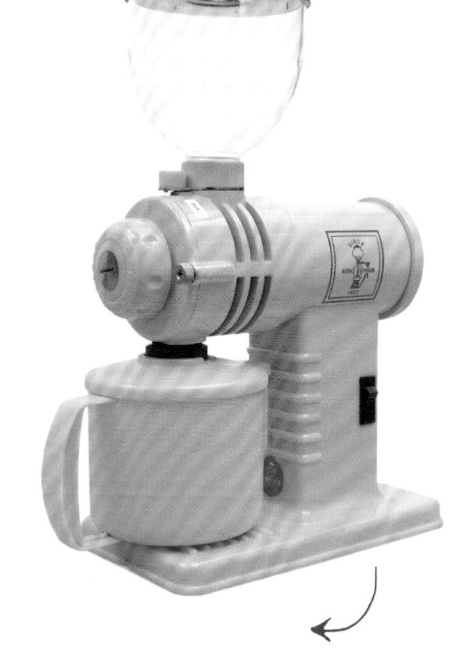

R-220另有与KŌNO合作的特仕版，采用平刀式刀盘。

Mahlkönig（德国磨王）EK 43磨豆机（刀盘尺寸：98mm），是近年世界咖啡师大赛的指定赞助机型，亦是平刀式刀盘设计。因其磨出的颗粒极为均匀，备受专业咖啡师青睐，但价格也相对贵许多。

电子秤

目前最常见的电子秤有两种：专业计时电子秤、电子磅秤。

专业计时电子秤（触控式按键）

因应全球手冲咖啡风潮而生产的新型电子秤，具备了秤重与计时器的功能，屏幕数字显示清晰，搭配触控式按键，兼具设计感与实用功能。部分产品更能与智能手机搭配，记录冲煮时的注水变化。测重上限2～3kg，视厂牌及型号而定。

电子磅秤

与传统料理用磅秤类似，但测量数据更精确，部分产品的测量值甚至可达小数点后两位。虽然在功能性上或不及咖啡专用的计时电子秤，但仍然适用。测重上限2～10kg不等，视厂牌及型号而定。

计时器

如果家里的电子秤缺乏计时功能，也可以另外搭配秒表或计时器来计算冲煮时间。

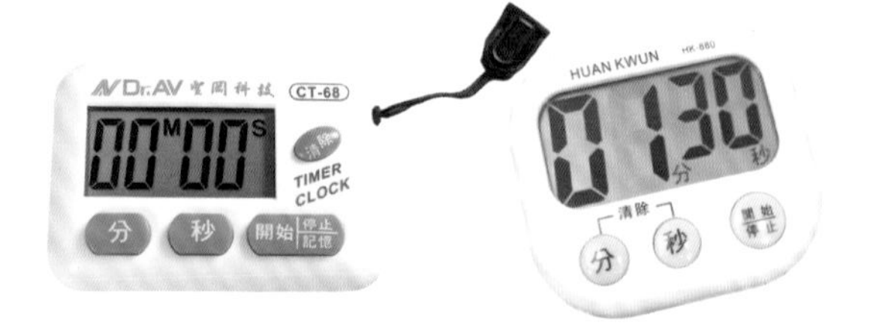

Acaia Pearl手冲专用电子秤，简洁纯白造型，并附黑色隔热垫。左右有触控式按钮，中间则有LED显示器。另外，也可与手机APP连线搭配使用，以记录冲煮过程中的各项数据。测重上限为2kg。

BONAVITA实验室级电子秤，能在一毫秒内精确反映重量，也附有计时功能。测重上限为3kg。

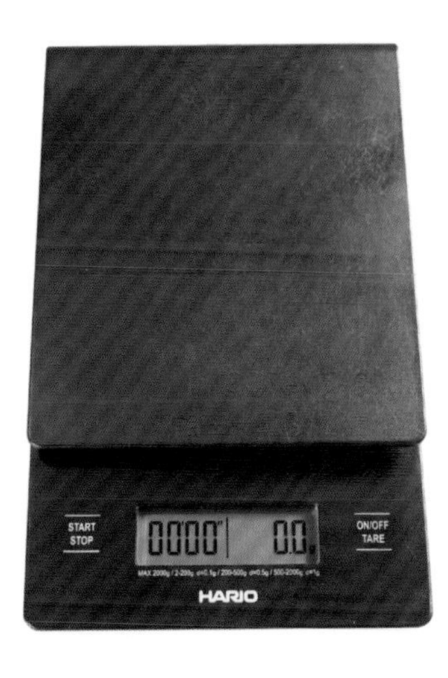

Hario V60专用电子秤，能同时计算重量与时间。测重上限为2kg。

温度计

可以更精确地了解温度的变化。常见的有指针式温度计与数位式温度计。指针式温度计的使用率较高，数位式温度计则能随时切换摄氏温度与华氏温度，快速显示、清晰易见。

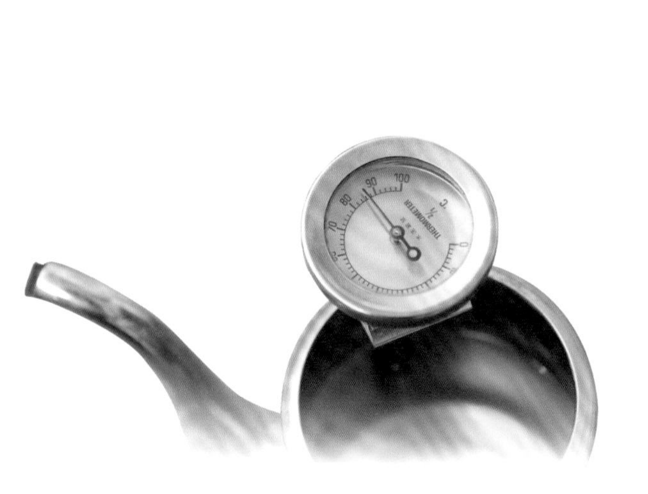

指针式温度计。

数位式温度计。

萃取率的计算

通过浓度计测得浓度后，即可用粉量、水量、咖啡成品重量、浓度等四个数据来计算萃取率。而以滴滤为主的手冲法，计算方式又与以浸泡为主的虹吸壶、法式滤压、爱乐压等有所不同。

一、手冲法的计算方式：

$$\text{萃取率}=\frac{\text{咖啡成品重量（ml）}\times\text{浓度}}{\text{咖啡粉量（g）}}$$

举例来说，使用手冲滤杯，以20g的粉量、冲煮出250ml的咖啡，浓度1.5%，算式为250×0.015÷20=0.1875，萃取率即等于18.75%。

咖啡量匙

可以取代电子秤的方便工具。常见容量有8g、10g与15g。

浓度计

一般而言，粉水比越低的咖啡，浓度越高，口感越浓。相反，粉水比越高的咖啡，浓度越低，口感也越淡。运用浓度计，可取得科学的数据，计算出咖啡的萃取率，让每一杯咖啡的冲煮都能更加精确。

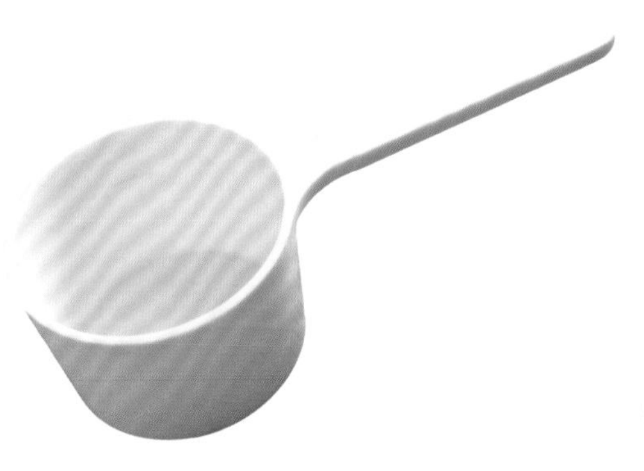

咖啡量匙。

VST咖啡浓度计，测量可精确至小数点后两位，并可搭配使用专属APP，呈现数据化浓度、萃取率与粉水比。

二、浸泡法的计算方式：

$$萃取率=\frac{冲煮用水量（ml）\times 浓度}{咖啡粉量（g）}$$

举例来说，使用虹吸壶，以20g的粉量、280ml的水冲煮，浓度1.5%，算式为280×0.015÷20＝0.21，萃取率即等于21%。

Part 1

冲煮方法

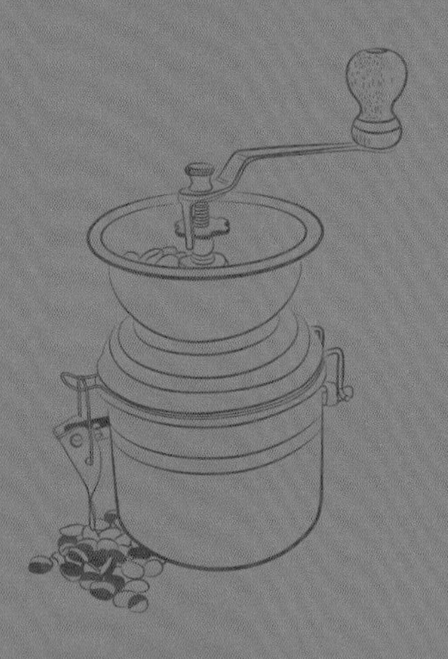

咖啡冲煮，经典重现

本书邀请多位咖啡职人亲自示范，
一步一步地详解与图示，
让读者真正领略手作冲煮的奥妙与乐趣。

| **职人** | 庄宏彰
| **示范** | 摩卡壶

2008、2009年台北创意咖啡大赛冠军，2010年亚洲意式咖啡大赛总冠军与创意咖啡冠军。曾任王品曼咖啡研发部副经理，现任成真社会企业有限公司（Come True Coffee）总监、冲煮训练讲师。

| **职人** | 钟志廷
| **示范** | 聪明滤杯

2014世界咖啡协会（WCE）世界杯拉花大赛中国台湾选拔赛冠军、2015世界咖啡协会（WCE）世界杯冲煮与拉花大赛中国台湾选拔赛亚军。现于鑫品咖啡担任咖啡师。

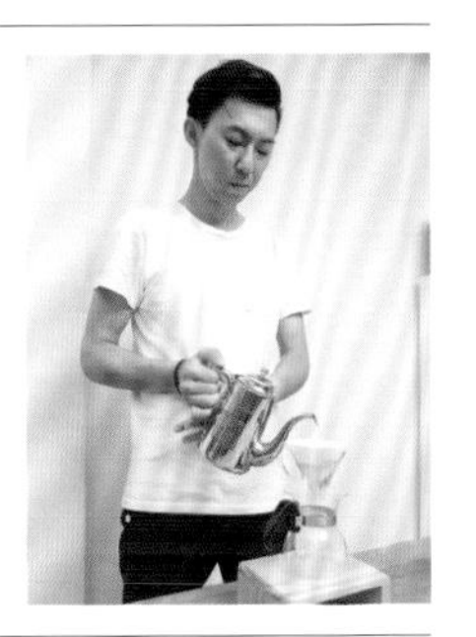

| **职人** | 山田珈琲店
| **示范** | KŌNO锥形滤器、虹吸壶

经营KŌNO咖啡器具、咖啡豆销售。设有KŌNO冲煮讲座。

| **职人** | 叶世煌
| **示范** | Hario V60锥形滤器

曾任职于真锅咖啡研发部、台中胡同咖啡。现为咖啡叶负责人、烘豆师、咖啡师。

| **职人** | 简嘉程
| **示范** | 法式滤压壶

2010年台北创意咖啡大赛冠军、2011年世界杯咖啡大师中国台湾选拔赛冠军、2014年哈尔滨国际咖啡师邀请赛冠军、2015年世界虹吸咖啡中国台湾选拔赛冠军、2015年世界虹吸咖啡竞赛第三名。现为Jim's Burger & Café、Coffee88、Peace & Love等店老板、咖啡师与烘豆师。

| **职人** | 黄吉骏
| **示范** | Caff骨瓷锥形滤器、Kalita平底波浪滤器

2014世界咖啡协会（WCE）世界杯冲煮大赛中国台湾选拔赛第六名。现为烘豆师、咖啡师。

Chapter 1
手冲篇

手冲咖啡已风行多年，然而看似简单的冲煮方式，背后却蕴藏着精巧的技术与原理。举凡冲煮器具的选择、豆子的烘焙程度、注水时的水流大小、时间与温度的掌握等，样样都是学问。

手冲的基本原理

走进手冲咖啡的世界

手冲咖啡，是以“冲”（注水）为主的手法，加上“浸泡”及最后“过滤”的程序，完成萃取过程。不同构造的手冲滤器，在手冲过程中也各有偏重。举例来说：锥形滤器（如Hario V60）因为是倒三角形的形状，需要较大冲力去翻动底层咖啡粉，因此较偏重在“冲”的部分（KŌNO锥形滤器则例外，因其采用特殊的点滴手法，重点反而是“滤过”）；平底与梯形滤器则偏重“浸泡”，用水去浸泡咖啡粉。但咖啡师仍可能寻求不同的冲法，以创造独特的差异性与咖啡风味。

滤器形状的影响

出水孔大，下方没有平底滞留水分，水直接流入下壶。

出水孔小，平底的设计易使水分滞留，增加了浸泡时间。

“闷蒸”对咖啡萃取的影响

咖啡冲煮时的“萃取”，泛指溶解咖啡豆（粉）中的物质的整个过程。而手冲注水过程中的“闷蒸”，在萃取过程中有着重要的影响。

闷蒸

所谓“闷蒸”，是指前段注水时，高温的水进入咖啡粉内孔隙，使其中气体排出，以利后续萃取的过程。在闷蒸的过程中，热水慢慢渗入咖啡粉中排出空气，同时咖啡粉内的空气也因受热而膨胀，并形成咖啡表面粉层微微鼓起的膨胀状态。在咖啡粉膨胀到极点时，也达到了温度的平衡，接下来则因为空气的冷缩，咖啡粉将多余的水分往内吸。当看到表面干燥、出现裂痕时，就是第二次注水的时间点。

闷蒸原理示意图

注水，热水与咖啡粉接触

（空气排出形成泡沫，使咖啡粉表面鼓起）

咖啡粉内的空气遇热膨胀

（膨胀停止，并逐渐消退）

表层咖啡粉冷却，开始收缩，吸入水分

水分得以进入咖啡粉中，溶解咖啡中的物质

完成萃取

在闷蒸静置后，再次注水时，由于新注入的水，咖啡浓度较低，但咖啡粉里面则留有闷蒸时产生的较高浓度咖啡液，通过扩散作用造成浓度转移，带出咖啡粉中的物质，就完成了“萃取”。

除了浓度的转移，还能利用水流的冲击，将剩余的空气排出。但实际的冲泡过程中，很难闷蒸到完全没有空气，而适度保留少许空气，有时反而能促进咖啡成分的释放，让层次集中或是拉开。

完成萃取原理示意图

闷蒸完成后再次注水

新注入的水浓度低，咖啡粉内的水浓度高

产生扩散作用，平衡了咖啡粉内外水分的浓度

浓度平衡的过程中，带出了咖啡的风味

扩散作用示意图

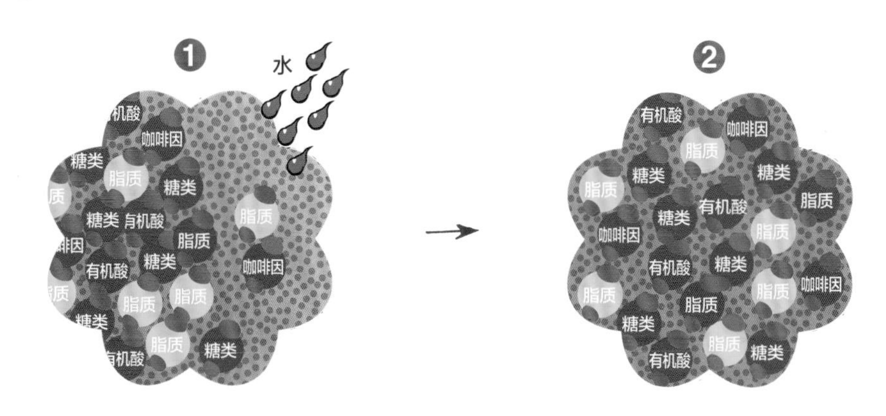

咖啡粉内经过闷蒸，溶解出许多咖啡物质（包含有机酸、糖类、脂质和咖啡因等分子），浓度较高（如图1左侧）；新注入的水因刚接触咖啡粉，溶解的物质少，浓度较低（如图1右侧）。

扩散作用，即是指分子会从高浓度区域向低浓度区域转移，逐渐达到平衡状态的现象（如图2所示）。如此一来，原先含在咖啡粉里的物质也就被带出来了。

萃取均匀VS萃取不均

手冲咖啡有技术性的问题，以相同的冲煮器具来说，技术好就可以把咖啡的味道完全萃取出来。如果豆子品质不佳，不妨以“前段萃取”来弥补成品的风味。

萃取均匀

吸了水的咖啡粉重量会增加，并且会下沉形成过滤层，咖啡粉经过这个过滤层就会把味道带出。萃取均匀的咖啡，咖啡壁（滤纸边缘的咖啡粉层）薄，咖啡液的颜色饱和、澄澈，呈琥珀色，口感饱满、层次丰富，有甘醇的余韵，前段香气、中段口感与尾段韵味都很平衡。因为咖啡粉吸饱水分后密度变高、产生重量，所以会沉淀下来，浮在表面的是绵密的泡沫。

萃取完全的情况下，所有咖啡粉都充分浸泡，残留的咖啡壁薄。

萃取不均

如果咖啡主要风味没萃取出来，咖啡壁会比萃取完全的情形厚很多，且有较多的咖啡没有下沉，而是浮在表面，甚至有残留的粉。咖啡液颜色呈现沉坠感，口感平乏、单薄；由于味道释放不完全，喝起来偏淡，带有涩杂味。这时虽然可以再次注水，将浮在上面的咖啡粉往下施压，稍做弥补，但原本预估200ml的萃取量，却因多注水而跟着增加，风味可能因此跑掉更多，浓度也不尽理想。

萃取程度的操作手法

条件	增加萃取效果	降低萃取效果
水温	提高	降低
咖啡粉粗细	细研磨	粗研磨
咖啡粉多寡（水量固定）	减少咖啡粉用量	增加咖啡粉用量
水流速度	减慢	加快
萃取时间	加长	缩短

*本表仅在其他变因固定的情况下有效。

前段萃取的冲煮法

通常豆子品质不理想时，就适合以前段萃取的方式来修正。若完全萃取，反而会带出更多不好的味道。此时只要缩短闷蒸的时间，只萃取前段好的成分，避免后段涩杂味出现，就能提高口感的醇厚度。

豆子品质不佳时，就用前段萃取来弥补吧！

手冲专用器材介绍
简单，却又充满变化

手冲法使用的器材并不复杂，但随着时代的演进，以及厂商和咖啡师们的积极研究，各种器材都极富变化，相当有趣。

手冲壶

不同品牌或构造的手冲壶，都有着自己的特性，影响着注水过程的成败。

壶嘴设计

手冲壶，借由不同粗细的壶颈与壶嘴大小的设计，来表现不同的冲煮手法，进而展现出咖啡不同的风味，关键就在于壶颈设计的粗细，以及壶嘴的大小与弯曲程度。以种类而言，可分为以下三种：

细口壶：最适合初学者使用。因为壶嘴开口小，较能固定水流强度，不会忽大忽小，可较好控制力道。

宽口壶：适合操作娴熟者使用。因开口宽、出水的水柱大，力道不易拿捏。然而在水流大小上有着较多的变化，可以通过改变注水手法，营造不一样的风味。

鹤嘴壶：因壶嘴弯曲的角度形似鹤嘴而得名。搭配壶颈囊状空间的设计，冲水时能够产生较大的冲力，贯穿厚的咖啡粉层，达到翻动底部粉层的目的，能更精准地在冲煮咖啡时做出水流的变化。

壶身材质

常见的壶身材质也有三种：不锈钢、珐琅、铜制。不锈钢最常见，好保养。珐琅特别美观，但不宜用电磁炉加热。而铜制的导热性佳，但容易有生锈的问题，用完需擦干，保持干燥。

水流力道的影响

有些咖啡在冲煮时需要通过变换水流大小，来营造不一样的风味。所以对于操作熟练的人来说，使用宽口壶或鹤嘴壶反而较易控制水流的力道与大小。

举例来说，注水时水流细柔，就像是在“推”咖啡粉，冲出的咖啡口味相对清淡；若水流强烈，则是“打”咖啡粉，咖啡的风味也随之变强，这与咖啡粉翻滚受力的程度有关，味道自然不同。

壶嘴种类

细口壶

壶嘴开口小，水流相对稳定，不会忽大忽小，力道也好控制，适合初学者。

宽口壶

壶嘴开口大，出水的水柱也较大，力道不易控制，适合操作娴熟者使用。

鹤嘴壶

特色是能在冲煮过程中精准做出水流变化，产生足够的水压与冲力，贯穿厚的咖啡粉层，达到翻动底部粉层的目的。

壶身材质

不锈钢

优点 好保养，不易生锈，使用率最高。

缺点 无明显缺点。

珐琅

优点 美观的外型与色泽，赏心悦目。

缺点 容易因碰撞而损毁，且不宜使用电磁炉加热。

铜制

优点 质感别致，蓄热效果佳。

缺点 容易因碰撞而变形，且易生锈，使用后需立即擦干。

滤器

想要冲一杯好咖啡，就得先了解滤器的构造与特色，这样才能找出最适合自己的“冲煮神器”。

常见基本构造

滤器也称为过滤器或滤杯，而手冲滤器通常分为锥形、平底与梯形三大类。以下便是这三种常见滤器的说明与介绍。

梯形（扇形）滤器

多为单孔或三孔设计。出水孔径小，冲煮时流速较慢，咖啡味道也较厚实。但也因此容易萃取过度，导致苦涩味道明显。

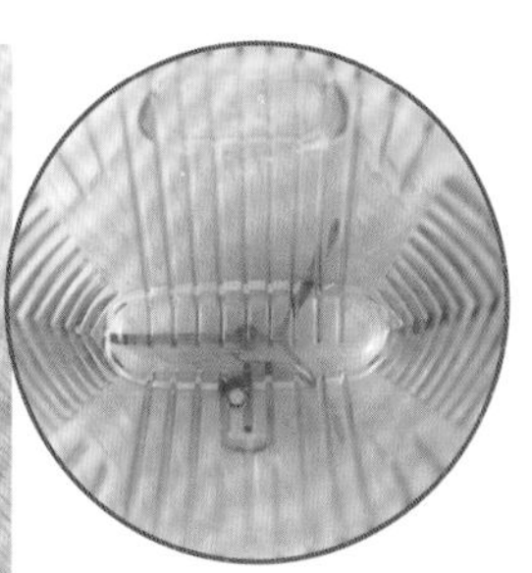

Melitta 1x1梯形滤器，经典的单孔设计。

锥形滤器

倒三角形设计，使粉与水接触的面积较不规则，加上出水孔径大，流速快，咖啡粉容易汇集在中央，易有萃取不均或不足的情况，通常需要借助注水技巧。

Hario V60是锥形滤杯代表。大孔径出水孔与螺旋肋骨设计，加快了水的流速。

圆形平底滤器

因采取平底构造，粉与水的接触面积大，可以很均匀地萃取。但也因出水孔径小，冲煮时流速较慢。须避免造成萃取过度的结果。

Kalita波浪系列即属圆形平底滤器。出水孔径小，减缓了水的流速。

肋骨的结构与重要性

滤器里面的条状凸起设计，称为肋骨（也称为肋槽或导水沟）。其主要功能在于架高滤纸，让滤纸与滤器间保留适当空隙，提供水流流动固定的路径，方便水流流出，与滤纸服贴处则有阻挡杂质与气泡的效果。

肋骨的长短与凸起程度，会影响咖啡成品的风味，以及水流的路径与流速。以下是常见的肋骨设计：

短肋骨滤器

以KŌNO圆锥形滤器为例，肋骨设计得比较短，只占下方1/3～1/2，但仍能帮助水流通过，所以水流主要路径只在有肋骨的下半部。上半部没有肋骨，热水一通过滤纸就会服贴在滤器上，不易渗出，使得冲下去的热水可以较长时间停留在咖啡粉上。慢慢吸水、慢慢释放风味，冲出来的咖啡风味完整、口感醇厚，余韵无穷。

短肋骨设计，兼顾浸泡与导水功能，强化咖啡风味表现。

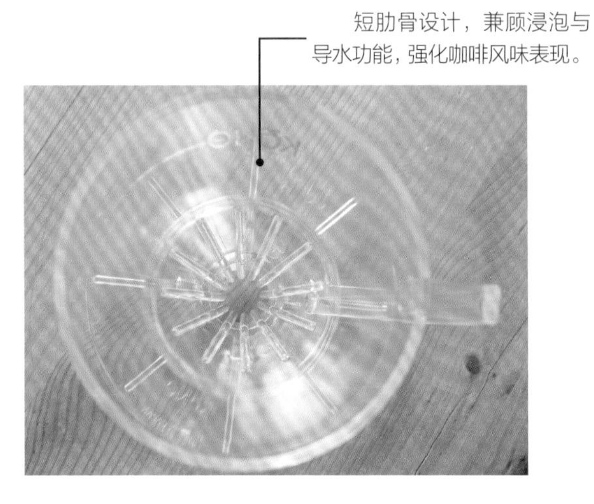

长肋骨滤器

Hario V60圆锥形滤器则是长肋骨设计的代表。因为肋骨长，撑开的空间更多，热水通过的速度较快，所以咖啡粉的分布是从下面到上面，是比较均匀的萃取方式。冲出来的咖啡会比较淡，但相对地，苦味也较不明显，整体风味是甘甜清爽、层次多元。

螺旋状长肋骨，能大幅加快水的流速，让咖啡口感更明亮。

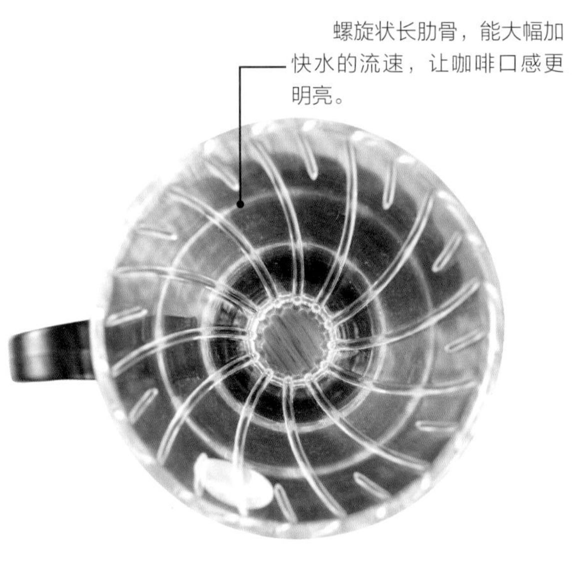

直线肋骨滤器

以日本Caff骨瓷锥形滤器为代表。采用从顶端到底部的直线肋骨设计，密实且立体的肋骨能保证滤纸与滤器间有更多的缝隙，增加空气对流的空间。

KŌNO和Hario V60的肋骨不论长短皆延伸到底部，放上滤纸时，出水孔仍有明显的缝隙，可以加快流速与保证萃取效果。而Caff骨瓷滤器的肋骨从顶端开始，并且直线延伸到下方，维持上面排气效果的稳定；但在接近底部约0.2cm处便收起肋骨。放上滤纸后，滤纸与出水孔之间不会产生缝隙，而是呈现密合状态。这是为了压抑萃取速度，让流速变慢一点。

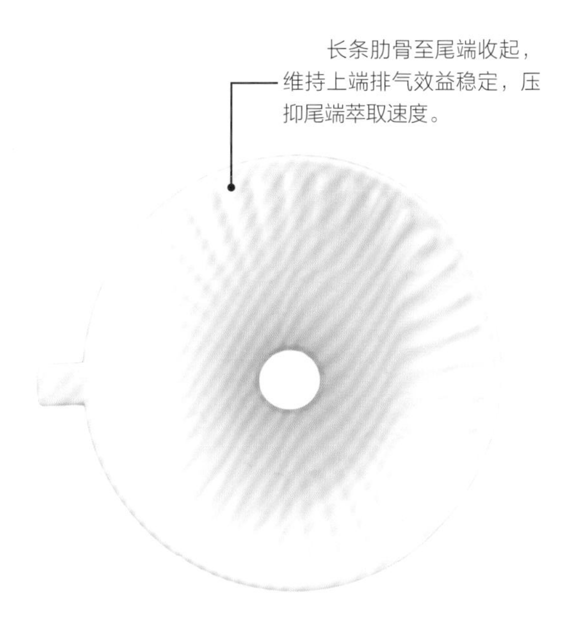

长条肋骨至尾端收起，维持上端排气效益稳定，压抑尾端萃取速度。

无肋骨滤器

以日本Kalita所生产的陶瓷波浪滤器为例，内面微微凸起的波纹并无肋骨实质上的功能，必须搭配按肋骨原理设计的波浪滤纸使用。另有一款同为Kalita品牌的玻璃制波浪滤器，整个滤器做成咖啡杯的形状，虽名为波浪，但杯壁透明光滑无肋骨，同样必须搭配波浪滤纸使用。导水沟槽就在滤纸上，可让水流顺利往下，非常适合初学者使用。

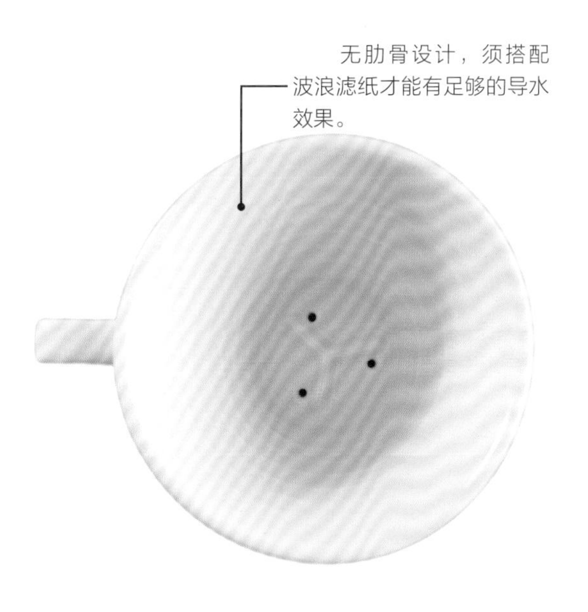

无肋骨设计，须搭配波浪滤纸才能有足够的导水效果。

材质

常见的滤器材质有以下几种：

耐热亚克力材质

以KŌNO的锥形滤器为代表。经过反复测试、实验的耐高温亚克力材质，质感近似塑胶，但冲煮过程不会释放任何有害物质，安全无虞。

经过高规格测试的KŌNO滤杯，不用担心食品安全问题。

采用AS树脂制成的Tiamo 101，轻巧且有多款颜色可选。

透明玻璃材质

耐热性高，能从外侧清楚观察水流的情形。Hario、Kalita等各大品牌都有此类制品。

Tiamo K02玻璃滤杯，须搭配波浪滤纸。

矽胶材质

可以折叠的矽胶滤器，方便收纳、不怕摔，而且携带方便，外出野餐时也好用。

Tiamo矽胶滤杯，造型时尚，收纳便利。

陶瓷材质

陶瓷风格典雅、稳固厚实，其缺点是在肋骨的凸起设计上会有所限制，较为扁平、不够立体，优点是保温效果佳。

Tiamo 102描金陶瓷滤器。

Junior的百褶陶瓷滤器。

不锈钢材质

最大优点是坚固、耐用、耐高温。

Tiamo V01锥形不锈钢滤器。

Kalita wave的不锈钢版本，内建导水支架，以搭配专用滤纸。

其他材质

金属滤网滤器是不需滤纸就能使用的滤器，最大优点就是环保又省钱。没有滤纸的过滤，也更能保留咖啡里油脂的风味，让口感更浓郁。但因滤网较细，也较易喝到咖啡细粉，建议冲之前将咖啡粉过筛。

Tiamo二代极细金属滤网滤器，以环保、方便为主要诉求。

滤纸

虽然传统的法兰绒滤布有其优点与特色，但因应时代演进，滤纸的材质、过滤效果等各方面都不断改善，加上用完即丢、省时省力的方便性，让它盛行不衰。

纤维的种类

滤纸种类众多，常见的包括臭氧漂白或未漂白者，也有使用棉、麻、竹等特殊纤维制成的，各自带出的风味也有差异。若按纤维特色可归纳为两大类：

短纤维滤纸

纸质薄、纤维较细、过滤速度较快，所以适合用在需要稍微加快流速的滤器上，例如KŌNO的锥形滤器。

长纤维滤纸

纸质厚、纤维较粗、过滤速度较慢，适用于需要放慢流速的滤器上。例如Hario V60螺旋滤器，其长肋骨设计，会使水流速度快，所以需要能使速度流慢一点的滤纸来做平衡。

滤纸的形状

常见的滤纸形状有以下三种：

锥形滤纸

搭配锥形滤杯使用。

梯形滤纸

搭配梯形滤杯使用。

波浪滤纸

搭配波浪滤杯使用。

滤纸的折法

滤纸使用上虽然方便简单，但也有些小技巧需要注意：

锥形滤器滤纸

侧边对准缝线往内折。

打开滤纸成圆锥形，以滤纸边线为中心轻折出痕迹。

将多余的滤纸缝线处折入，形成锥尖。

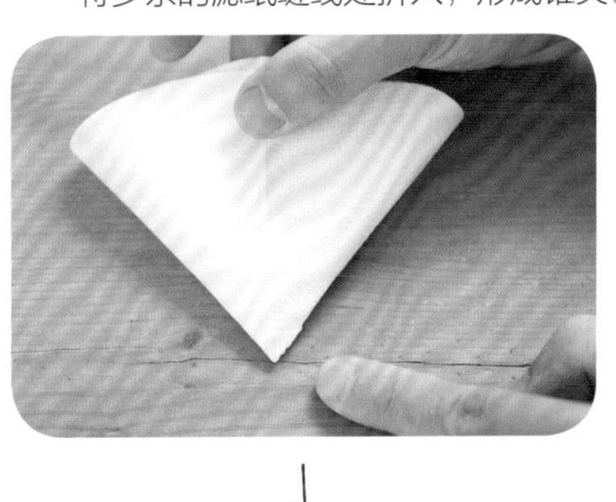

撑开滤纸，套入滤杯，让滤纸尽可能服贴在滤器上。

Tips

有的咖啡师会以热水沾湿使滤纸服贴，有的咖啡师则不会，可视个人习惯决定。底下的角如果折得不够尖、不够顺，也可能影响水流的速度。

梯形滤器滤纸

将滤纸侧边缝线往内折。

将底部缝线往外折。

撑开滤纸，稍微轻压两处折痕，让滤纸成形，套入滤杯，让滤纸尽可能服贴在滤器上。

Tips

梯形滤纸的缝线折法并未特别限制方向，只要侧边缝线与底部缝线两者方向相反即可。

咖啡下壶（分享壶）

下壶多为玻璃材质，用于盛放咖啡，并提醒冲煮者容量多寡，所以壶身多会有简单的容量标示。壶身一般不需做过多的设计，只要能达到提示容量的目的就好。大多数手冲滤器不一定要置于下壶上，也可以在咖啡杯上直接萃取，但需要注意注水量，以免溢出。

冲煮台

用来辅助冲煮咖啡时高度的调整所特别定制的冲煮台，通常会有1～2个不同的高度，提供给不同身高的冲煮者使用。冲煮台材质以木制与不锈钢为主。

滤布

早期的手冲咖啡都是使用法兰绒滤布，冲出的咖啡风味近似用虹吸壶冲煮一般，风味独特，令人念念不忘。至今仍有许多传统老店沿用，但因不易清洁与保养，逐渐为滤纸所取代。

基本使用方式

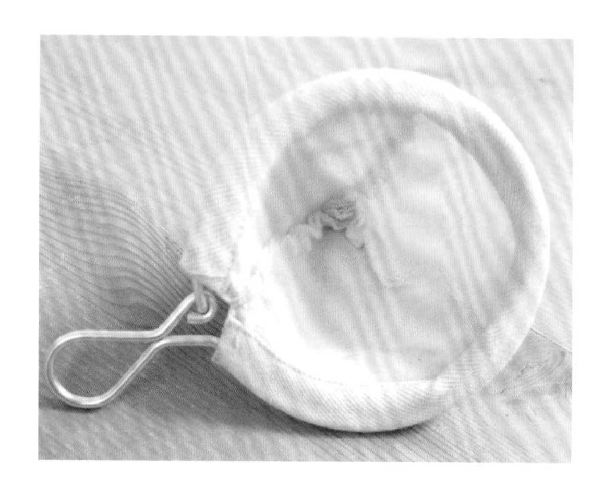

无须套在任何滤器上，可直接手持使用，使水流集中于锥形的尖端；或者衬在法兰绒滤布专用的咖啡壶进行萃取。由于法兰绒滤布要搭配有手把的钢圈使用，口径较大，所以专用的法兰绒咖啡壶，开口也比一般玻璃下壶宽。

清洁与保养

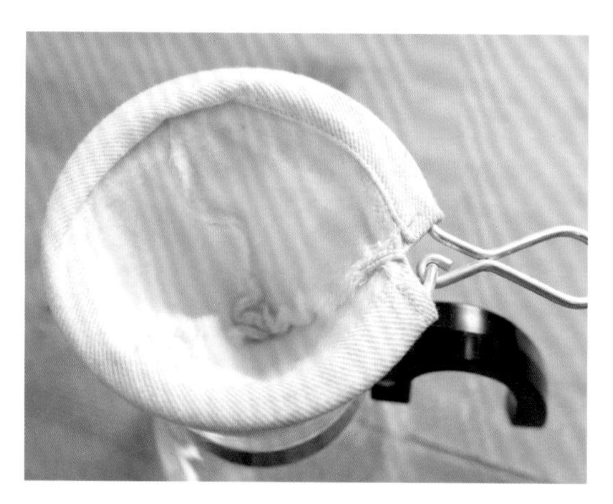

使用滤布冲完咖啡后，将滤布拆下，放入开水中煮10～15分钟，让滤布里的咖啡渣、咖啡粉末全都溶解到热水里（如果是KŌNO的法兰绒滤布，钢圈与手把都是金属材质，则不必拆下，一起放入开水中即可）。另外，千万不能用牙刷或菜瓜布刷洗，否则会伤害到滤布的绒毛纤维。

煮沸清洁后不需晾干，只要换上净水，持续浸泡，确保滤布干净无菌，并保持绒毛松软湿润即可。此时可用保鲜盒密封存放，放入冰箱冷藏。再次使用前，先用干布把滤布压干，而不能吹干、晾干，否则绒毛会变硬、变紧、变密实，过滤效果就会大打折扣，影响咖啡的风味。

妥善保养下，一块滤布大约可以冲30杯咖啡。滤布使用量大的店家，会把二三十块滤布同时浸泡在一个大的冰水槽里备用；甚至有些标准更高的店家，每煮一杯或一次就换一块滤布，以维持最佳的过滤效果。

清洁保养流程示意图

使用后的滤布放入开水中煮10～15分钟

（严禁刷洗，以免伤害绒布纤维）

倒掉煮过的水，换入干净的水浸泡并冷藏

使用前用干布压干，即可使用

（不可吹干、晾干）

冲约三十杯即可更换滤布

Tips

完成清洁后的滤布，若冷藏天数较长，过滤水也要记得定期更换。

聪明滤杯

手冲器材界的中国台湾之光

聪明滤杯由中国台湾人研发、生产，是以“简单、方便、快速”为产品诉求的新创咖啡冲煮器具，创意源自“杯测理论”，强调不受任何冲煮因素所影响，只要有好的豆子、好的水，设定时间一到，一杯好的咖啡就呈现在你的面前。近年风靡于欧美各地，更在美国精品咖啡协会（SCAA）年会上大获好评、锋芒毕露，使这款原本设计用来冲泡茶叶的器具，意外成为咖啡器具产业的新宠儿。

采用美国Tritan塑料，无毒，可耐120℃高温。

梯形单孔设计，能给予咖啡粉足够的浸泡时间。

下方活门会自动密合，置于咖啡杯上即可自动滴滤。

聪明滤杯的版本

聪明滤杯另有使用金属滤网取代滤纸的版本，特色是可保留咖啡油脂润滑的风味。但由于东方人偏好清爽甘甜的口感，金属滤网版的浓浊度高，不受青睐，普遍惯用搭配滤纸的版本。

聪明滤杯冲煮重点

聪明滤杯的冲煮流程相当简单，不需特别技巧，但在使用上仍有些不可不知的诀窍。

“冲＋泡”的概念

冲煮咖啡有两大方向，一是用水去冲咖啡粉，带出咖啡味道，例如手冲；二是浸泡，用浸泡的方式过滤咖啡，例如虹吸壶。聪明滤杯便结合“冲＋泡”的概念：倒好粉与水后静置，就是泡；放上咖啡杯或分享壶开始滴滤，就是冲。

“破渣”的原理

“破渣”本是杯测中的流程，在咖啡粉浸泡4分钟后，以杯测匙背面推开表面浮起的咖啡粉，使空气进入，让表面粗粉下沉、底层香气借此往上迸发。使用聪明滤杯时，有些人不习惯进行破渣，但根据示范职人钟志廷的经验，少了这个步骤，就会使咖啡缺乏明显层次感。

流程示意图

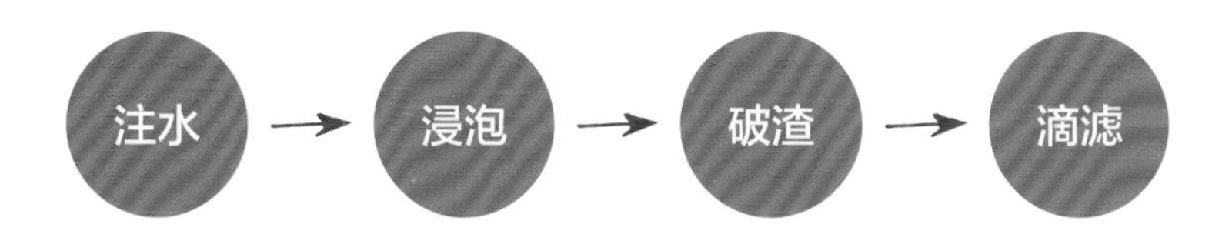

什么是杯测

所谓“杯测”，就是不用任何冲煮手法去改变咖啡的味道，不需借助任何繁复程序或专业技巧就能完成。只要把粉水比固定好、时间计算好，热水一冲就结束，以此呈现咖啡最原始的风貌。聪明滤杯即是以此理论为基准所研发而成的产品。

聪明滤杯冲煮步骤示范

示范职人：钟志廷

埃塞俄比亚水洗耶加雪菲

中焙

产自迷雾山谷庄园（Misty Valley），有新鲜果酸香气，带着花香气息，口感圆润滑顺，具有独特的风味与丰富的层次，特别推荐给初尝单品的读者。

研磨后示意图——中研磨（刻度4）

豆种：埃塞俄比亚水洗耶加雪菲

烘焙：中焙

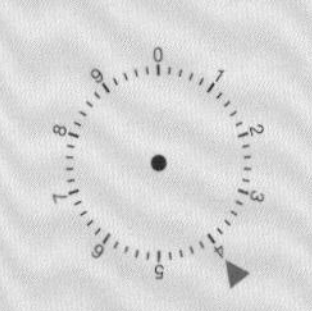

研磨度：中研磨

咖啡粉：20g

粉水比：1:15

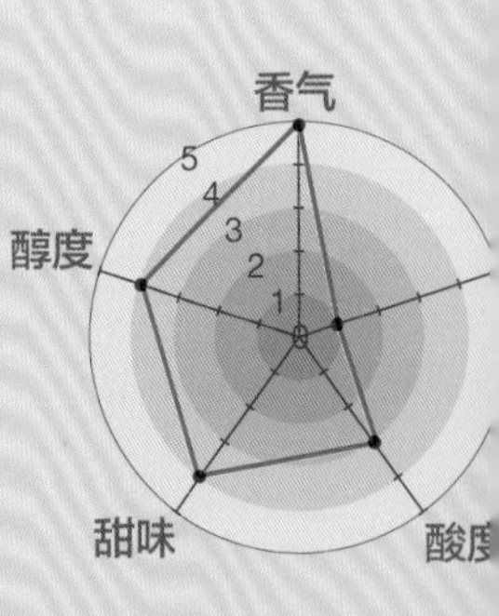

用水量：300ml

水温：88℃

浓度：1.4%

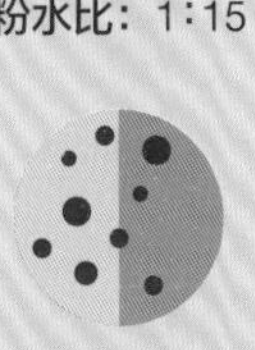

萃取率：19%

1 前置作业

将梯形滤纸折好放入滤杯，使之服贴，并倒入咖啡粉。（梯形滤纸折法请参见P42）。

2 注水

滤杯置于电子秤上，以88℃、300ml的热水快速冲入滤杯中，务必在短时间内让咖啡粉都能充分接触到水。

3 浸泡

冲好水，开始静置4分钟，完全不要动它，让咖啡粉与水能充分融合。

Tips

注水时绕不绕圈都无妨，只要快速将粉冲开、打入水中即可。

4 破渣

4分钟一到，用汤匙背面轻推表面的咖啡一圈，让空气进入产生对流，上下层咖啡液进行互相交换，香气就散发出来。

5 滴滤

将滤杯移往承接的容器上，开始过滤，完成萃取。

Tips

若想加快萃取速度、缩短萃取时间，可以改用90℃的水冲泡，并在静置1分30秒～2分钟时开始搅拌。用搅拌棒以相同方向搅拌5~10圈即可，之后也不需进行破渣的步骤。

咖啡小常识

邱昌昊／整理

百款咖啡豆，有什么不同

想要冲出一杯好咖啡，除了要有良好的手冲技巧，高品质的咖啡豆更是不可或缺的重要因素。然而市面上的咖啡豆这么多种，彼此之间到底有什么差异呢？让我们一探究竟。

产地不同

咖啡主要产地分布在南北回归线的环状地带，包括非洲、拉丁美洲、南亚等地。不同的国家或产区，都有着不同的气候环境与土壤特质，而咖啡树就如茶叶或葡萄一样，会随着生长环境不同，产出不同风味的果实。

品种不同

当然，豆子的品种也有差异。目前最主要的咖啡原生种有：阿拉比卡（Arabica）与罗布斯塔（Robusta）。一般来说，阿拉比卡的豆子外形小，呈椭圆形，多种在较高海拔的地区，品质佳，香气十足，酸度、甜度也够；然而耐病力差，栽种麻烦，价格也高，通常多用于精品咖啡冲煮。罗布斯塔的豆子外形大且圆，多种在雨林、山谷等地，风味较差，口感偏苦，香气低，咖啡因也高；然而它生长速度快、产量大，所以多用于商业用途。

处理方式不同

咖啡果实采收后要先经过处理，来保存风味。常见的方法有：日晒法、水洗法、蜜处理法。同一款咖啡豆用不同的方式处理，风味也不尽相同。差异如下：

甜味&厚实感：日晒法>蜜处理法>水洗法

酸味&香气：水洗法>蜜处理法>日晒法

烘焙程度不同

处理过的豆子还得经过烘焙，才能准备研磨冲煮。烘焙程度大致可粗分为三种：浅焙、中焙、深焙（重烘焙）。其特征与风味差异如下：

焙度 / 特性	浅焙	中焙	深焙
烘焙时间	短	中	长
颜色	肉桂色	浅棕色	深褐色
风味	口感清淡 酸质明显	口感丰富 酸苦均衡	口感强烈 苦味凸出
常见用途	单品、美式或混合咖啡		意式咖啡

钟志廷
走在梦想路上的勇士

声称自己是乡下小孩，不习惯大城市快节奏生活步调的钟志廷，在花莲这片好山好水的抚育涵养之下，年届三十却仍有不脱学生气息与淳朴憨厚的性格。原本计划在台北学成咖啡后就回花莲开店，“没想到学得越多越觉得自己的不足，越深入咖啡这个产业，就越发现其中的奥妙与精深，越想继续探究下去……”

亦师亦友的咖啡贵人

毕业自光武工专机械专业的钟志廷，对于本科学习始终提不起劲，却对料理、餐饮特别感兴趣，大学时代就常到处喝咖啡。毕业后，打算返乡找一份咖啡店的工作。某次寻幽探访，在客家村偶遇“伯扬咖啡”老板李建秒。李老板是性情中人，与钟志廷颇为投缘。对钟志廷而言，李建秒是他在咖啡之路上的第一位启蒙老师。在李老师的带领下，钟志廷一步步地向咖啡的领域迈进，心中对于做咖啡、学咖啡的向往也更近一步。

在李建秒的鼓励与建议下，钟志廷毅然离职北上，投入咖啡行业。2012年进入5 Senses体系，结识了另一位贵人——黄吉骏。阿吉一路的支持与提醒、适时的鼓舞与打气，一直都是钟志廷背后最强而有力的后盾。“在学咖啡的过程中，我遇到的贵人很多，今天我能有一点点成绩，都该归功于这些前辈。对他们的提携之恩，我永远心怀感激！”

借由比赛检视自己

入行以来，钟志廷积极参与咖啡竞赛，4年多的时间，已征战国内外各大小赛事。有人怀疑他参赛的目的，好友黄吉骏也建议他应该多给自己一些沉淀的空间与时间，好好整理赛事里出现的缺失。这些建议钟志廷完全认同，但对于比赛，他另有一番见解与想法:“这就是所谓的阵痛期，就像球员必须借着不断的集训与比赛，促使自己在短时间内快速成长。我不是喜欢比赛或在意比赛成绩，而是借由比赛的过程，重新检视自己的缺失，回头审视赛前与赛后的自己有何改变或进步。如果没有实际参赛，我就无法了解比赛真正带给我的实质帮助是什么。”

Hollister
CALI CHILL FINALS

咖啡师是个专业且备受尊重的职业，拥有极大的发挥空间，只要保持一定的水准，冲煮出来的咖啡品质都相对稳定，让客人喜欢，就称得上称职。但比赛就不一样了。参赛者必须在赛程内完成指定与自选的咖啡作品，不只重视冲煮技巧，还必须介绍作品的特色、创意缘起与想要传达的理念。冲煮的过程中必须同时讲解重点，所以参赛选手通常都会自己写稿、背稿，练到滚瓜烂熟了才上场。虽然咖啡才是重点，但若因口语表达不佳而导致紧张的情绪，难免也会影响到冲煮的表现。因此，对于个性较为木讷的咖啡师而言，比赛就是很好的训练场地。

“竞赛”是人生舞台的延伸

说起这些年参赛的心得，钟志廷也有所省思：“以前我会专门为了比赛而做准备，现在参赛的意义已大不相同，我想要把这段时间在生活中对于咖啡的想法，通过比赛呈现出来。今年的我和去年的我到底有何不同？是否有所成长？借由比赛就是最好也最直接的检验方式。”

因此每一年的参赛，对钟志廷来说都像是一场新品发表会，是他一年来的回顾与总结。以前的他较木讷寡言，现在的他发表作品时言词流畅、从容不迫，这是多次舞台经验的洗礼所累积出来的台风与自信。往后的他对于参赛会更顺其自然，有想法就参赛，并借着比赛表达出来，而不是固定式的定期参赛。

因为喜欢做吃的东西，钟志廷很多关于咖啡的想法都来自料理，譬如2015年的咖啡师大赛原本设定以欧式料理中“前菜＋主菜＋甜点”的概念来呈现——“前菜是创意咖啡，主菜是浓缩咖啡，甜点则是另一道口味较清淡爽口的咖啡饮品”。可惜因准备时间有限，来不及在比赛中实现。但他也不担心点子会被模仿，因为理论和实际仍有一段距离，在同样架构与概念下，每位咖啡师冲煮出来的咖啡依旧会呈现出不同的风味与特色。他想要创造的，是属于自己的品牌与风格。

将生活融入赛事中

做咖啡这一行带给钟志廷最大的感触和收获是“真正做到工作与兴趣的结合”。稍感遗憾的是收入还有待加强，但这是业界的常态，所以他不会拘泥于此。他尤其感谢目前的工作环境与生活形态，每天都能怀着愉快的心情上班，专注地煮好每一杯咖啡，把自己的兴趣当作事业来经营，从中得到成就感，还能结交各行各业的朋友，日子过得充实又开心。至于比赛，他表示：“我会持续地把生活带入比赛中。也就是说，把现在每天工作的内容，包括咖啡师的生活、想要分享的新的冲煮方法或特别的念头，带入比赛中，把比赛当作发表会的舞台，传达出来。”即使离返乡开店还有段差距，但钟志廷对于自己跨出的每个步伐，都有自己的计划。“比赛虽然只是一个过程，但仍希望每一场竞赛之后，都能让我有一些进步、一些改变，同时也带给客人一些不同的感受，这才是我参赛的意义。”

结合生活、工作与赛事，在生活与工作中撷取灵感和创意，借由比赛传达、分享，并且琢磨技巧、自我精进。寓嗜好于生活与工作之中，通过比赛场合延伸自己的人生舞台。三者合而为一，人生最幸福的事莫过于此。“接下来我还能表现什么？咖啡还能为我带来什么？我能为客人呈现什么样的咖啡？我觉得这些都是身为咖啡师应时时刻刻自我检视的地方。”作为咖啡从业人员，钟志廷一直是专业自制、随时自我鞭策的咖啡师。侃侃而谈的他，提到对未来的期许，诚恳的脸庞上眼神透着坚毅。未来的人生道路上也许不见得一路风平浪静，但他在咖啡这条路上的努力与付出，一定能欢欣收割，尝到甜美的果实。

Caff骨瓷锥形滤器

优雅温润的典范

日本设计师中坊壮介与原口陶瓷苑共同研发创作的“Caff”系列，品牌原意为“街角的咖啡馆”，作品以咖啡冲煮器具与茶用具为主。此款锥形滤器是唯一结合骨瓷与有田烧制造而成的锥形滤器。

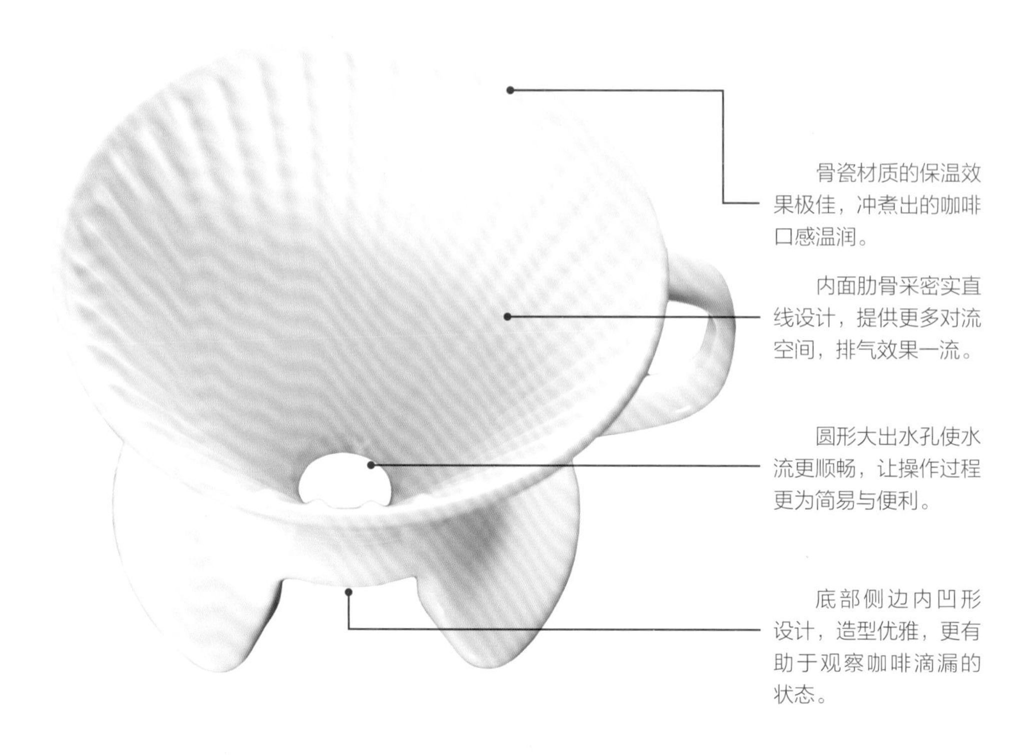

有田烧

有田烧以九州佐贺县有田町为名，是日本最具代表性的瓷器，其经过特殊配方与工法烧制而成的骨瓷更是精品。相较于一般瓷器，色泽更为纯白温润，硬度更高，保温效果更好，厚度却较薄，是兼具美观与实用的瓷器。

Caff骨瓷锥形滤器冲煮重点

本款滤器的肋骨设计几乎一线到底，直到接近底部约0.2cm处收起，兼顾良好的排气效果，也避免流速过快造成的萃取不足。冲煮方式分三阶段注水，依序进行闷蒸、萃取、补足后段味道。整个冲泡时间大约2分钟。

❶ 闷蒸

第一阶段注水，目的在于把咖啡粉里的空气往外挤压、排出，达到充分“闷蒸”的效果，只要以轻柔的小水流，搭配小绕圈的动作，注水20～30ml，让咖啡粉尽可能浸泡在水里。静置15～20秒，当咖啡粉膨胀到顶点、开始收干时，即可开始第二阶段注水。

❷ 萃取

第二阶段注水兼具浸泡与冲刷的效果。此时要拉高水位，并用较大水流注水180～200ml，从中心点由内而外绕3～4圈，再由外而内绕3～4圈。借由水流冲刷表层、搅动下层，让吸水的咖啡粉尽可能释放出味道。接着再静置10～15秒，让粉与水充分融合与浸泡。

❸ 补足后段味道

经过前两个阶段，萃取程度已达八至九成，第三次注水只是要补足咖啡尾端的味道，让风味更完整，因此不需用第二次注水时那么强的力道。可以放低水位，以轻柔的力道注水80～100ml，由内而外或由外而内都行，绕完3～4圈即可。

流程示意图

首次注水 → 静置15～20秒 → 二次注水。 → 静置10～15秒 → 三次注水，完成萃取

Caff骨瓷锥形滤器冲煮步骤示范

示范职人：黄吉骏

埃塞俄比亚GAMANA水洗耶加雪菲

浅焙

产于埃塞俄比亚西南方的雪列图（Ch'elelek'tu）山区，高海拔的环境让咖啡豆密度高，酸质与甜度强烈，水洗处理让酸质表现突出，有很棒的水果甜味与厚实度，入口更添柑橘香气。整体表现平衡细致。

研磨后示意图——中研磨（刻度4）

豆种：埃塞俄比亚GAMANA水洗耶加雪菲

烘焙：浅焙

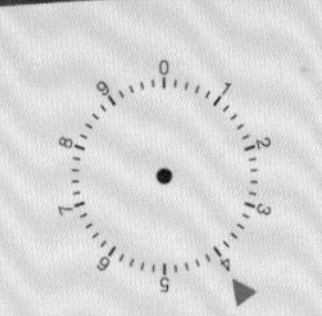

研磨度：中研磨

咖啡粉：20g

粉水比：1:14

用水量：280ml

水温：90℃

浓度：1.4%

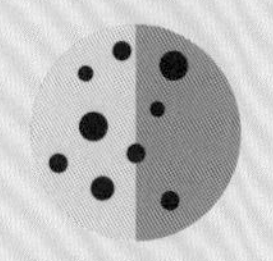

萃取率：18.2%

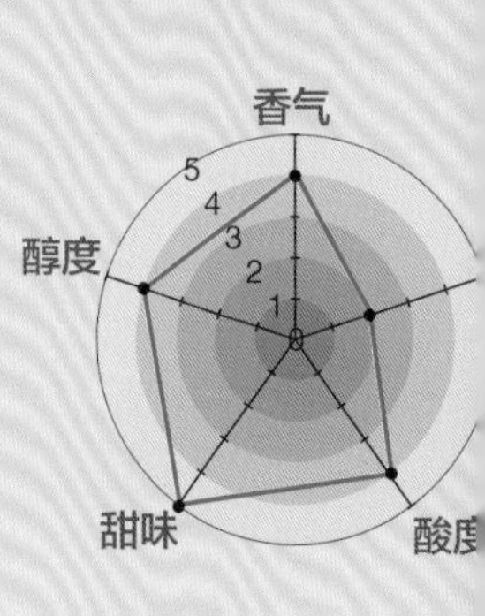

1 **前置作业**

将磨好的咖啡粉用过筛器过筛，将细粉筛掉0.5~1g的量，备用。

2 将滤纸折好、撑开，置于滤器上，用热水冲一下，再倒入咖啡粉。

3 **第一次注水**

从中心点以直立90°直角的小水流，轻柔而快速地注入20~30ml的水量。以小绕圈的动作，尽可能轻柔地让水淋在咖啡粉上，充分浸湿咖啡粉。注水时间3~5秒。

4 静置15~20秒，进行闷蒸。此时吸饱水分的咖啡粉会慢慢膨胀成为半球体状，待膨胀到最顶点、停止膨胀时，即可以进行第二次注水。

Tips

步骤1：细粉的颗粒小，萃取速度快，冲煮过程中容易萃取过度而释出杂味、涩味。所以建议先筛除细粉后再行冲煮。

步骤2：用热水冲一下可以稍微洗去滤纸味道，也能让滤纸服贴于滤器上。同时下壶也能一并预热。

5 第二次注水

拉高水位，以较大一点的水柱注水，先从中心点由内而外绕3～4圈，再由外而内绕3～4圈，让水柱的力量带动咖啡粉搅拌、翻滚。注水量180～200ml，注水时间10～15秒。

6

注水完成后再静置10～15秒，增加浸泡时间，把咖啡味道慢慢带出来。等到表面泡沫逐渐消失时，就开始第三次注水。

7 第三次注水

放低水位，以轻柔力道注水。原则上由内而外或由外而内都可以，绕完3～4圈即可。注水量80～100ml，注水时间5～10秒。

8

萃取到预定容量250ml后移开滤器，完成萃取。

咖啡小常识

邱昌昊／整理

精品咖啡产区

产地不同，风味各异

前文提到咖啡豆的味道、品质会随着产地、品种的不同，而有不同的风味表现，以下就简单介绍常见的精品咖啡产区及其特色：

1. 印尼
代表品种：爪哇（Java）、苏门答腊曼特宁（Sumatra Mandheling）
风味特色：香气浓厚，酸度低。

2. 埃塞俄比亚
代表品种：耶加雪菲（Yirgacheffe）
风味特色：独特的茉莉花香、柑橘香。

3. 肯尼亚
代表品种：肯尼亚AA
风味特色：香气强烈，酸度鲜明。

4. 巴西
代表品种：圣多斯（Santos）
风味特色：味道均衡，带坚果香气。

5. 哥伦比亚
代表品种：哥伦比亚（Colombia）
风味特色：浓稠厚重，风味多样。

6. 危地马拉
代表品种：安提瓜（Antigua）
风味特色：微酸，香浓甘醇，略带碳烧味。

7. 牙买加
代表品种：蓝山（Blue Mountain）
风味特色：口感温和，滋味均衡圆润。

8. 尼加拉瓜
代表品种：玛拉哥吉培（Maragogype）
风味特色：口感清澈，香气饱满。

9. 哥斯达黎加
代表品种：塔拉苏（Tarrazu）
风味特色：酸度精致，层次丰富，带有柑橘、花卉香。

10. 巴拿马
代表品种：瑰夏（Geisha）
风味特色：甘甜均衡，口感细致柔顺，有柠檬、柑橘果香。

Kalita Wave
陶瓷平底波浪滤器
操作简单，风味均衡细致

波浪滤器是Kalita系列中最受欢迎的产品之一。最初，就是想设计出一款不需技巧就能冲泡出好喝咖啡的器具。比起锥形滤器以“冲刷”为主的萃取方式，平底波浪滤器更偏向于“浸泡”。

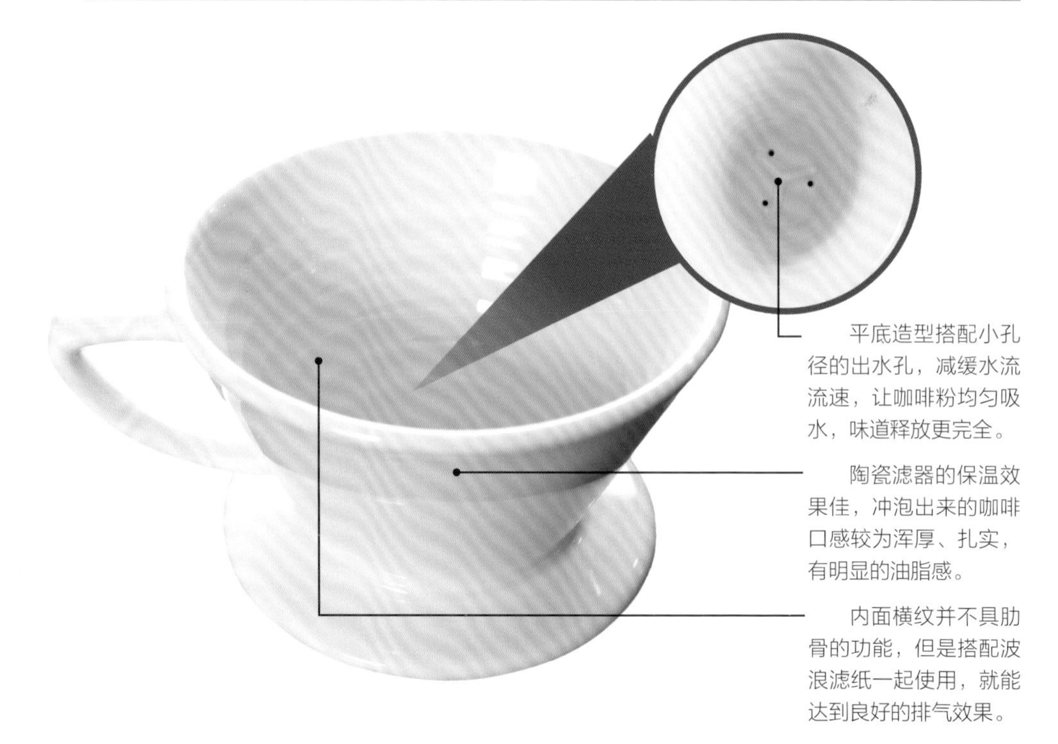

平底造型搭配小孔径的出水孔，减缓水流流速，让咖啡粉均匀吸水，味道释放更完全。

陶瓷滤器的保温效果佳，冲泡出来的咖啡口感较为浑厚、扎实，有明显的油脂感。

内面横纹并不具肋骨的功能，但是搭配波浪滤纸一起使用，就能达到良好的排气效果。

土佐和纸波浪滤纸

职人示范过程中，特地拿出珍藏的土佐和纸波浪滤纸，介绍给笔者。这款滤纸由日本咖啡职人与高冈丑制纸研究所合作研发，纸质厚、磅数高，纤维密实且无异味，过滤效果好。通常会与Kalita的特制不锈钢波浪滤杯搭配使用。然而由于价格昂贵（一张滤纸价格约2元人民币），且不易购得，商业上使用机会不多。

Kalita Wave陶瓷平底波浪滤器冲煮重点

平底三孔设计降低了水的流速，却也提升了稳定度，可以采用与Caff锥形滤器相同的手法冲煮，比较一下两种滤器所呈现的风味差异。整体冲泡时间为2分钟～2分20秒。

❶ 闷蒸

第一阶段注水，目的在于把咖啡粉里的空气往外挤压并排出，达到充分“闷蒸”的效果，只要以轻柔的小水流，搭配小绕圈的动作，注水20～30ml，让咖啡粉尽可能浸泡在水里。然后静置15～20秒，当咖啡粉膨胀到顶点、开始收干时，即可开始第二阶段注水。

❷ 萃取

第二阶段注水兼具浸泡与冲刷的效果。此时要拉高水位，并用较大水流注水180～200ml，从中心点由内而外绕3～4圈，再由外而内绕3～4圈。借由水流冲刷表层、搅动下层，让吸水的咖啡粉尽可能释放出味道。接着再静置10～15秒，让粉与水充分融合与浸泡。

❸ 补足后段味道

经过前两个阶段，萃取程度已达八至九成，第三次注水只是要补足咖啡尾端的味道，让风味更完整，因此不需用第二次注水时那么强的力道。可以放低水位，以轻柔的力道注水80～100ml，由内而外或由外而内都行，绕完3～4圈即可。

流程示意图

首次注水 → 静置15～20秒 → 二次注水 → 静置10～15秒 → 三次注水，完成萃取

Kalita Wave波浪滤器冲煮步骤示范

示范职人：黄

巴拿马日晒依莉达（Elida）单品豆

浅焙

依莉达是巴拿马首屈一指的咖啡庄园，产出的高品质咖啡豆经日晒处理，拥有厚实的口感与莓果香气，丰富的层次与热带水果风味广获好评。

研磨后示意图——中研磨（刻度4）

豆种：巴拿马日晒依莉达（Elida）单品豆

烘焙：浅焙

研磨度：中研磨

咖啡粉：20g

粉水比：1:14

用水量：280ml

水温：90℃

浓度：1.4%

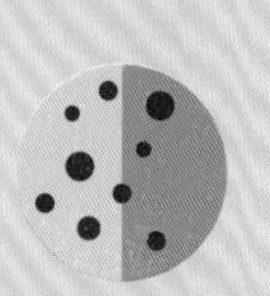

萃取率：18.2%

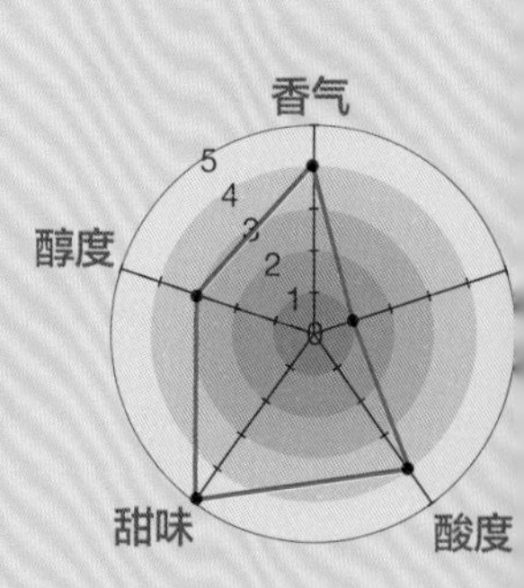

1 **前置作业**

将磨好的咖啡粉以过筛器过筛，将细粉筛掉0.5～1g的量，备用。

2 将滤纸置于滤器上，用热水冲一下，再倒入咖啡粉。

3 **第一次注水**

从中心点以直立的90°直角的小水流，轻柔而快速地注入20～30ml的水量。以小绕圈的动作，尽可能轻柔地让水淋在咖啡粉上，充分浸湿咖啡粉。注水时间3～5秒。

4 静置15～20秒，进行闷蒸。此时吸饱水分的咖啡粉会慢慢膨胀成半球体，待膨胀到最顶点、停止膨胀时，即可以第二次注水。

Tips

步骤1：细粉的颗粒小，萃取速度快，冲煮过程中容易萃取过度，而释出杂味、涩味。所以建议先筛除细粉后再行冲煮。

步骤2：用热水冲一下可以稍微洗去滤纸味道，也能让滤纸服贴于滤器上。同时下壶也能一并预热。

5 **第二次注水**

拉高水位，以较大一点的水柱注水，先从中心点由内而外绕3～4圈，再由外而内绕3～4圈，让水柱的力量，带动咖啡粉搅拌、翻滚。注水量180～200ml，注水时间5～8秒。

6 再静置10～15秒，增加浸泡时间，把咖啡味道慢慢带出来。等到表面泡沫逐渐消失时，就开始第三次注水。

7 **第三次注水**

放低水位，以轻柔的力道注水。原则上由内而外或由外而内都可以，绕完3～4圈即可。注水量80～100ml，注水时间3～5秒。

8 萃取到预定的250ml容量后移开滤器，完成萃取。

黄吉骏

勇敢追梦的行动主义者

朋友口中的“阿吉”——黄吉骏，会走入咖啡这一行，可说是“无心插柳”的结果。在真锅连锁体系两年的工作经验，让他第一次接触到手冲咖啡，当时心中虽已埋下咖啡的种子，但“想要做咖啡”的决心却还未萌芽。

从探索到成长

阿吉花了3~4年的时间，一边工作一边思考未来，希望从中找出方向。在转换过各种行业后，因缘际会进入到Cama和平店，在这里，阿吉确定了自己日后的道路，开始积极学习一切与咖啡有关的事物。“当时Cama的店长和同仁对咖啡的要求真的很高，这对我是非常好的训练，即使我懂得不多，但却清楚知道我们想要呈现的，是对好咖啡的坚持与信念。”

那时刚接触烘豆的他慢慢了解到，烘豆与冲煮环环相扣，都会影响咖啡的呈现。他开始到自烘店家向前辈们请教。“烘豆领域太广，冲煮也是，很多人，尤其咖啡店经营者，因为角色或职责所需，必须二者兼顾。其实不烘豆的咖啡师，也能通过闻、喝或最单纯的杯测方式，去追踪豆子发生了什么事，这就是咖啡师的深度与广度。我只是很幸运地有机会同时接触，并在二者之间往返。”

2009年的台北咖啡大展，阿吉首次听闻“咖啡大师”竞赛，他非常兴奋，心中不禁跃跃欲试。“原来咖啡也有比赛！我也想要尝试看看。”这个想法就像是催化剂，点燃他心中的咖啡火苗，从此一发不可收拾。2010年他离开Cama，随后即加入5 Senses团队，开始人生中的另一个阶段。

以客为尊，建立良性循环

虽然阿吉不到三十岁就完成开店的梦想，但过程中的努力和付出，个中酸苦绝非外人所能理解。“当初我一心只想着开店，但对于要开什么店却茫无头绪，后来幸运地抓到自己想要的东西。开店之后陆续遭遇各种难题，也在解决难题的过程中激荡出新的想法，这些都是实际开了店、碰到问题以后才会有的领悟。”

Kalita
Kalita

话说得轻松，其实一点也不容易，身为咖啡店负责人，更需时时观察市场动向、应对突发状况。通过市场调查，阿吉深刻了解到，消费者意识逐渐提高已成趋势，咖啡产业的未来发展，也会趋向与消费者直接的沟通。所以，发自内心以诚待人，和消费者产生共鸣，以良性循环吸引顾客主动上门，将是服务业成功的致胜关键。“吧台就像是剧场的舞台，咖啡师是演出者，直接面对观众（消费者），而烘豆师就是幕后工作者，他们是幕后英雄，将掌声留给幕前的演出者。”

有幸福的工作伙伴，才有幸福的美味咖啡

在管理方面，提供同仁一个良好的工作空间与学习环境，也是他念念不忘的事。“员工是公司最重要的资产，有幸福的员工才会有幸福的企业。尤其店里同仁必须在第一线面对顾客，要在愉快的气氛和情绪下才能煮出好喝的咖啡！”阿吉自己就是基层出身，由一个打工小弟到拥有自己的咖啡店，除了心存感恩，他更希望能帮助更多人，首先要回馈的对象就是与自己一起打拼的伙伴，鼓励伙伴也能像他一样，朝着自己的梦想前进。

从开店第一年自己站吧台，亲自冲煮咖啡、为客人服务，到后来陆续调整，前台交给另两位同仁负责，阿吉的工作重心则部分移转至幕后，全心做好管理与拓展业务。

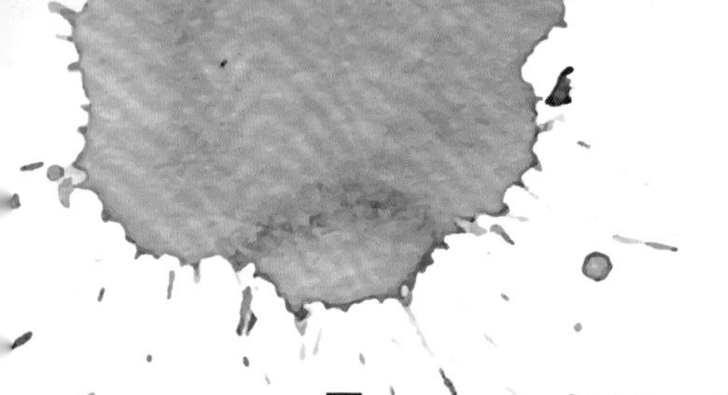

KŌNO锥形滤器

自成一格的点滴式手冲法

KŌNO第二代社长河野敏夫苦心研发的“名门”锥形滤杯，搭配自成一格的冲煮手法，实现了“用滤纸也能冲出法兰绒滤布风味”的理想。

倒三角形设计能集中咖啡粉，形成厚的过滤层，提高萃取效率。

独特的短肋骨造型，减缓水的流速，让咖啡粉能更完整地释放风味。

KŌNO特仕版手冲壶，壶内无“挡片”，减少给水阻力，使水流更有力道。

鹤嘴壶设计，能弹性控制水流大小，形成更多、更细致的水流变化。

KŌNO锥形滤器冲煮重点

与其他手冲法不同，KŌNO的手冲方式不需闷蒸，而是以特制的手冲壶与短肋骨的锥形滤器，搭配独门手冲法来进行。整个过程是连续、渐进的，水流粗细也是一样。若要细分，从最细最小的水流到最粗最大的水流，至少可分为3～5个阶段。为方便讲解，在此将给水过程概分为三阶段：点滴法、小水流、大水流。

KŌNO式手冲特色

点滴法是KŌNO特有的冲法，即集中滴中心点（粉层最厚的地方），让咖啡粉慢慢吸水。中心点吸饱热水后，形成水的通道，之后滴下去的水就会沿着通道以同心圆的方向扩散，让滤器里的粉均匀地吸到水。接着再配合咖啡粉吸水的节奏，逐步加大水流，过程中需要极细致的变化与技巧。这种手法搭配KŌNO锥形滤器，可以将深层的咖啡粉都挤上来，让所有的粉都吸到水，使KŌNO冲出来的咖啡有更多的风味、更厚实的口感。

操作重点

实际操作过程中，以下两点需特别注意：

❶端正的持壶姿势

以身体为重心，右手持壶，左手托住壶底（KŌNO手冲壶比一般手冲壶厚重，在水量多时不易操作，难以细致调整水柱大小）。冲煮时，宜站立操作，抬头挺胸、肩膀放松，以保持手部的灵活（利用冲煮台可避免不当姿势）。

❷灵活的给水节奏

注水时不必刻意计时，而是观察咖啡粉吸水的状况，随时调整。不同国家、不同焙度的豆子，咖啡粉的吸水状况也会有差异，使得点滴的节奏也会稍有不同。例如深焙豆吸水快，也就滴得快；浅焙豆吸得慢，就要滴得慢，察看豆子的氧化程度及吸水状况来微调。之后使用水柱注水也一样，尽量维持粉面持平或微膨的状态，不可凹下或太过膨胀（膨胀明显时，需待其稍微消退再注水）。

流程示意图

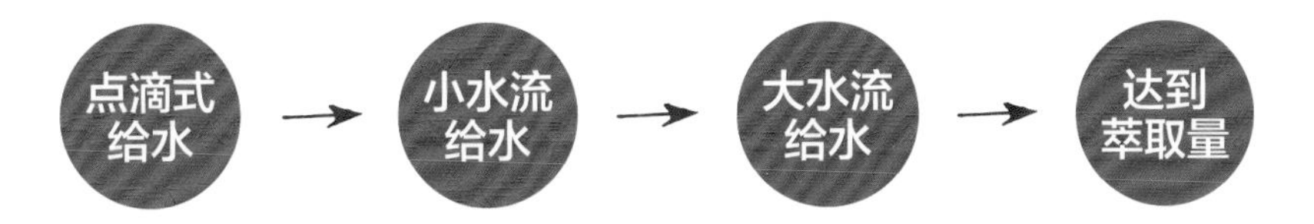

KŌNO锥形滤器冲煮步骤示范

示范职人：山田珈琲店

黄色潜水艇（配方豆）

“黄色潜水艇”是山田珈琲店的招牌配方豆，名字取材自摇滚乐团Beatles（披头士）的歌名，混合了两个巴西、一个哥伦比亚的豆种。特色是焙度较深，是分开烘完再混合，注重后韵的甜味。黑巧克力的味道+焦糖的甜味+坚果的香气，喝完仍久久不散。

研磨后示意图——中粗研磨（刻度4.5）

豆种：黄色潜水艇（配方豆）

烘焙：中深焙

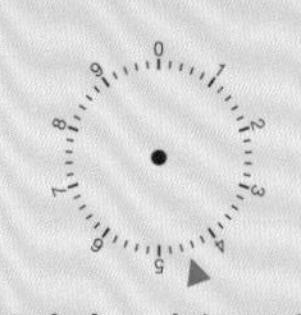

研磨度：中粗研磨

咖啡粉：24g（两平匙，两人份粉量）

粉水比：1:10

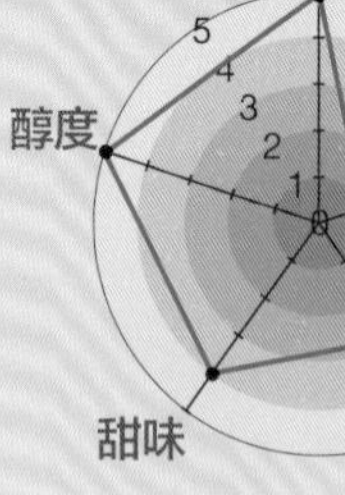

用水量：240ml

水温：88℃

浓度：1.2%

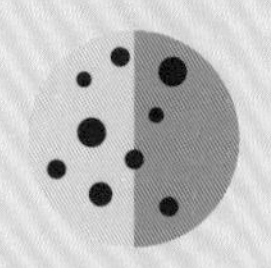

萃取率：10.75%

1 **前置作业**

滤纸折好，置入滤器，尖端对准底部出水孔，倒入咖啡粉。

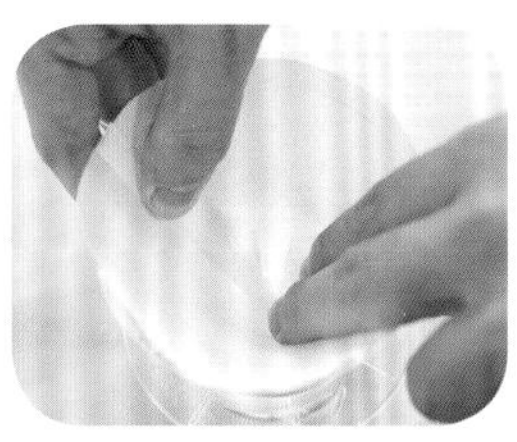

2 **第一阶段——点滴法**

右手持壶、左手托壶，以身体为重心，从中心点以点滴式慢慢一滴一滴注水。

3 待底层的咖啡粉逐步往上翻动、均匀吸到水时，可以稍微加快点滴的速度，但依旧维持表面膨起的状态。

4 当下壶的咖啡液从点滴方式到形成水流，同时听到“哗啦”一声的时候，就进入第二阶段。

Tips

冲煮时不计时也不秤重，使用KŌNO的计量匙计量即可，一平匙12g、两平匙24g，以此类推。

5 第二阶段——小水流

给水方式从点滴式变成小水柱，从中心点由内而外顺时针绕圈，水平给水。

Tips

从侧面可清楚观察到，咖啡粉从最下方开始吸水，并均匀地将水吸上来，这表明连最深层的咖啡粉也都充分吸到了水。此时可加快点滴速度，保持表面膨起的状态。

6

绕3～4圈，等表面膨胀到顶点后，停止注水几秒钟，待表面气泡消平后，再继续注水。

7

重复注水→休息→注水的循环动作，让杂质上浮（通常焙度越深，注水次数越多）。直到萃取量达2/3（玻璃下壶外壶上KŌNO字样下缘，约160ml），进入第三阶段。

8 第三阶段——大水流

注入更大水流的水量，拉高水位，把杂质泡沫带到最上层的表面。

9 当萃取容量达到约240ml时，随即移开滤器，完成萃取。

10 由于冲煮过程中注水速度的变化，萃取结束后，壶底的咖啡最浓，建议稍作搅拌，让咖啡更均匀。

KŌNO
日本咖啡“名门”

KŌNO的商标名称，源于创办人河野彬先生的姓氏。河野彬拥有日本九州大学医学部的专业背景，早年被派驻到新加坡推广日本医疗器材。数年后回到日本，自行创业成立了玻璃医疗器材公司，出口玻璃医疗器材销售到东南亚国家。不喝酒，只爱喝咖啡的河野彬，由于在新加坡喝不到满意的咖啡，让他萌生了自行开发咖啡冲煮器的念头。

首创虹吸壶，掀起热潮

1923年，河野彬开发出利用气压差萃取咖啡的器具，并在两年后将之实用化，首创日本第一款直立式虹吸壶（Syphon，也称赛风壶）。1927年，KŌNO开始在百货公司通过现场示范来贩售产品，虽然价格昂贵（一只虹吸壶的价格相当于当时大学生起薪的九成），但也因创新的设计与高品质，赢得了口碑。二代社长河野敏夫针对虹吸壶加以改良，让20世纪60年代的日本咖啡馆，兴起了一股虹吸壶热潮。就在这股虹吸壶热潮方兴未艾之际，KŌNO又开发出了新产品——KŌNO锥形滤器。

认真思考，专注研发

河野敏夫一直思考着，如何才能做出“用滤纸冲煮出跟法兰绒滤布一样风味”的滤器？本着科学验证的精神，在开发阶段，研发部门就花了许多时间和精力去研究滤器肋骨的凸起、长短、出水孔大小种种构造，对咖啡冲出来的风味到底有何影响。经过长达5年的反复操作与多次实验，将圆锥形的角度、内侧骨架的长度、萃取部分的开口大小等地方不断调整。发现滤器内侧的骨架只要设计在下方，使滤器上方的滤纸和滤器服

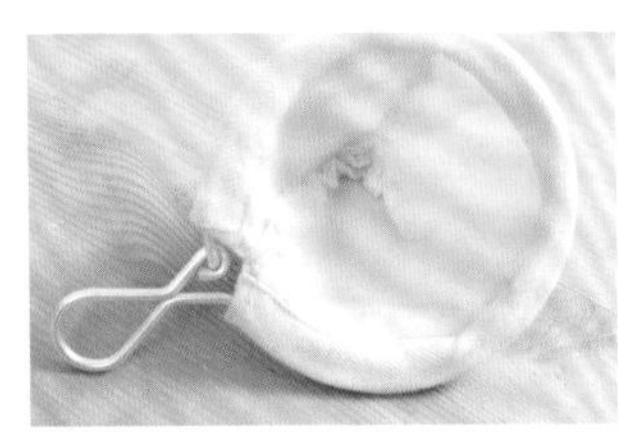

KŌNO法兰绒滤布

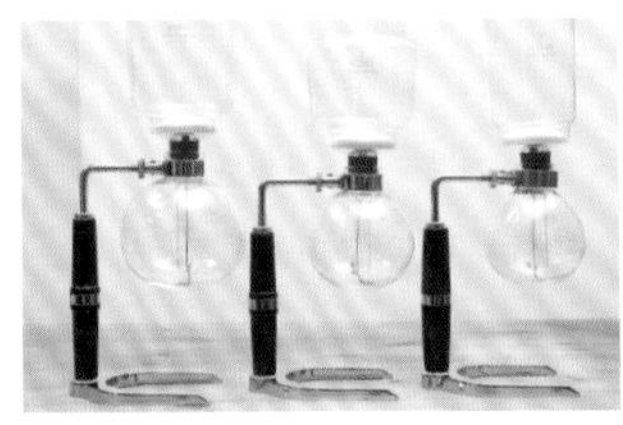

KŌNO咖啡赛风壶

KŌNO锥形滤器

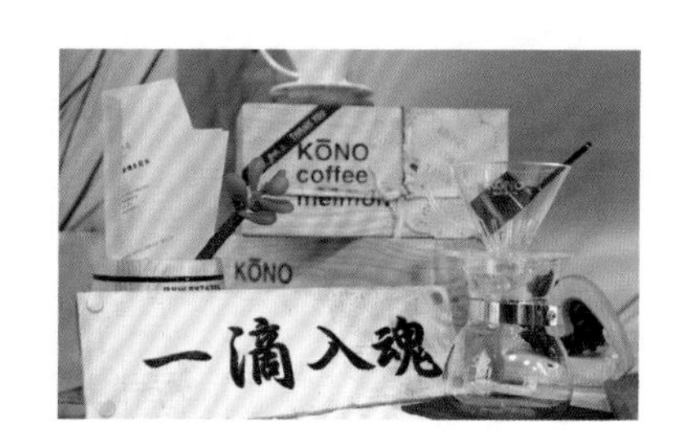

贴，咖啡液就能集中到中心，再利用下方的短肋骨导水，就能萃取出和法兰绒滤布同样的好风味——终于完成第一代“名门”圆锥形滤器。产品研发阶段，KŌNO真的非常花心思，任何一个小细节都不放过。

独门手法，风味并存

“名门”圆锥形滤器最主要的特色，就是必须搭配KŌNO特有的冲法，才能相互辉映、相得益彰，将豆子的特色发挥得淋漓尽致，把豆子好的风味充分萃取出来，喝起来口感浓郁、风味厚实、滑润顺口、不苦不涩。醇厚浓郁的风味与干净清爽的口感并存，这是一般冲法不太可能做到的地方。通常这二者都会有所抵触，如果想喝到浓郁的风味，无可避免地必须忍受一些苦味。如果不想喝到苦味，就会喝到像茶一样清淡的咖啡。但只要正确使用KŌNO的冲法与器具，就可以两种口感都享受到。而且不管浅焙、中焙或深焙，都可以用这样的方式冲咖啡。

实事求是，历久弥新

KŌNO是一家历史悠久、声誉卓著的公司，在日本咖啡业界堪称领导品牌。1925年创立至今已满90年（2015年才推出九十周年纪念款），始终沿袭创办人低调朴实、实事求是的风格，注重产品的特性、原理与功能，而非产品的外型、美观与设计感。因此，在手冲咖啡冲煮器的开发上面，只推出过圆锥形滤器“名门”与“名人”两个系列。2000年以前，连彩色系列都尚未问世，光靠虹吸壶与透明锥形滤器就做了数十年的生意，足见KŌNO的产品的确经得起市场考验。

Hario V60圆锥螺旋滤器

快速简易的冲煮神器

Hario V60圆锥形滤器，结合实用功能与时尚设计，在消费使用群体中，拥有极高的人气与好评。除常见的耐热玻璃版本（右图）外，同款的陶瓷滤器更荣获2007年日本设计大奖。

圆锥形的设计，可将咖啡粉堆高，增加萃取的面积。

内侧螺旋肋骨结构，闷蒸的同时还能排除空气，保留更多的咖啡风味。

大口径的出水孔，有助于完整萃取出咖啡的风味。

Hario V60冲煮重点

分为两阶段（两次注水）：第一阶段是“闷蒸”，第二阶段是“萃取”。“萃取”又可细分为前半与后半两段。

❶“闷蒸”阶段

首次注水的目的是要让咖啡粉尽可能浸泡在水里，赶出粉内空气。水流的力道不宜太强，否则会直接冲入下壶，稀释了成品的味道。

注水后，咖啡粉里的空气受热膨胀，表面鼓起（水温越高，膨胀程度也越高）。此时要静置10～15秒，等咖啡粉充分吸附水分，溶解出咖啡粉里的成分。

静置过程中，膨胀会达到顶点并停止，上层的咖啡粉也开始变干。等到快要完全变干的时候，就要进入第二阶段注水。

膨胀的咖啡粉将要收干之际，就是二次注水的时机。

❷“萃取”阶段

二次注水前半段，用比首次注水稍大的水流，持续给水至泡沫变白，同时让所有咖啡粉都被水流打到，将还没赶出的空气彻底赶出。过程中，原本浮在上面、比较厚的咖啡粉变薄，泡沫也越来越小。

接着进入后半段，改以更大的水流推打咖啡粉，让咖啡粉得到充分搅动，避免阻塞，使咖啡的风味完整萃取、释放出来。

二次注水时，待泡沫变小变白后，就要加大水流。

流程示意图

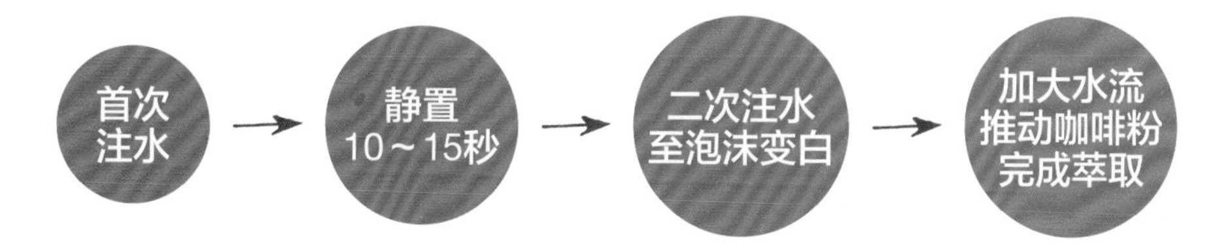

Hario V60冲煮步骤示范

示范职人：叶世煌

巴拿马柏林娜庄园有机水洗豆

浅焙

市场上少见的有机咖啡，也是巴拿马竞标的常胜将军。研磨后散发柑橘香气，经过冲煮后则带有樱桃、肉桂、茉莉花等迷人的花果香，酸度明亮清晰。

研磨后示意图——中粗研磨（刻度5.5～6.5）

豆种：巴拿马柏林娜庄园有机水洗豆

烘焙：浅焙

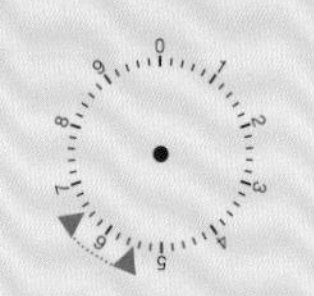

研磨度：中粗研磨

咖啡粉：14g

粉水比：1:18

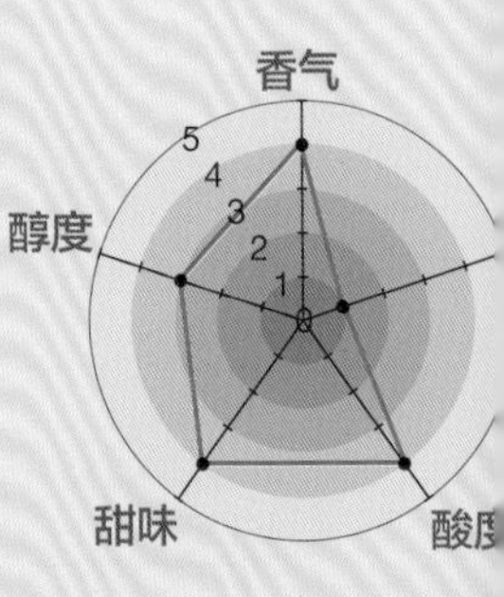

用水量：250ml

水温：80℃

浓度：0.2%

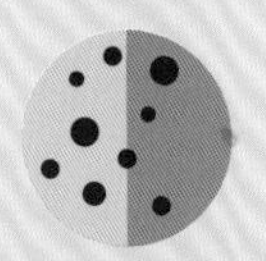

萃取率：3%

1 前置作业

将滤纸对准缝线往内折。撑开，置于滤器上。以热水冲一下，让滤纸服贴于滤器上（兼有洗去滤纸味道及保持滤器跟下壶温度的效果）。

Tips

准备第二次注水时，应仔细观察，当膨胀的咖啡粉开始变干、往下沉，到快要变平的时候，即可注水；不能等表面的咖啡粉完全收干、开始下凹才开始二次注水。因为表层咖啡粉往下凹陷，表示它又把空气吸了进去，从而使萃取出的风味欠佳。

二次注水时，冲中心点的水位要高（距离咖啡粉10～15cm），冲外围的水位要低（4～6cm）。

2 第一次注水

第一次注水时,对着中心点以小水流轻柔而快速地注入，不需绕圈，只需让咖啡粉浸湿即可。时间3～5秒。

3

再经过15～20秒，待咖啡粉逐渐往上膨胀、微微鼓起，并且快要变干的时候，就是进行第二次注水的时机。

4 第二次注水

前半段以比第一次注水时稍大的水流，与稍高一点的水位（手冲壶的高度稍微提高）从中心点往外绕圈，绕到泡沫变成白色。

5 不断水，进入后半段。拉低水位（把壶水放低），改以更强大的水流去推动咖啡粉，让沉在底下的咖啡粉能得到充分翻动的机会。

6 注水完成，待水分流入下壶，完成萃取。

Tips

第二次注水的前半段与后半段是一气呵成的，中间没有停顿，只在水流粗细与大小上视粉末吸水状态做调整。

注水完成后，可观察咖啡粉表面泡沫的多寡，判断咖啡粉里面被释放出来成分的多与少。泡沫多表示被释放出来的成分少，泡沫少代表豆子味道被完整释放出来的成分比较多。

咖啡小常识

邱昌昊／整理

滴滤／滤压式咖啡的运用

加点变化，让咖啡更有趣

虽然通过手冲或滤压法煮出的咖啡，不像意式咖啡机煮出的Espresso那么浓郁或有crema（咖啡油脂），不适合拉花，但也能做出有趣的变化！

1. Red eye（红眼咖啡）

1份Espresso（30ml）+滴滤式咖啡（120ml）（比例1:4）。是在“红眼航班”（深夜至凌晨的航班）上保持清醒时的首要选择。另有Shot in the Dark、Eye Opener等别称。

2. Black eye（黑眼咖啡）

2份Espresso（60ml）+滴滤式咖啡（120ml）（比例1:2）。是Red eye的加强版，喝下一杯，整天都很有精神！

3. Dead eye（死眼咖啡）

3份Espresso（90ml）+滴滤式咖啡（120ml）（比例3:4）。是Black eye的升级版，饮用前可得三思，小心咖啡因摄取量超标，而导致失眠喔！

4. Café au lait（咖啡欧蕾）

滤压式咖啡（90ml）+热牛奶（90ml）。Café au lait俗称“咖啡欧蕾”，源自法文，即“咖啡＋牛奶”的意思。牛奶的用量其实没有明确比例，可随个人喜好调整。

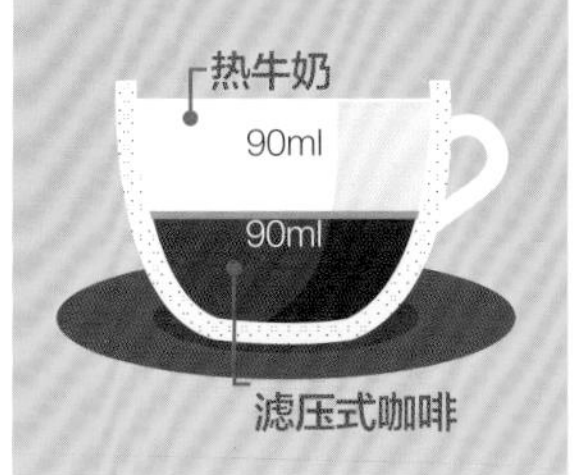

5. Mazagran（马扎格兰咖啡）

1茶匙红糖＋滤压式咖啡（90ml）＋柠檬汁（45ml），再放入冰块。是源于阿尔及利亚的冰甜咖啡饮品，有些地方会加入朗姆酒，或将基底换成Espresso。

6. Irish coffee（爱尔兰咖啡）

1茶匙红糖＋滤压式咖啡（120ml）＋爱尔兰威士忌（60ml）＋鲜奶油（75ml）。“爱尔兰咖啡”其实是鸡尾酒的一种，有着层次分明的丰富口感，有兴趣不妨一试！

叶世煌

与世无争的咖啡大师

长期在网络分享咖啡知识与心得，讲述各种冲煮手法与技巧，在业界颇负盛名的叶世煌，拥有“叶教授”的称号可说当之无愧。本以为他会是个拘谨严肃的人，见面之后才发现，原来是位温文儒雅、和蔼可亲的咖啡大师。

“咖啡叶·店”，重启全新人生

入行超过15年，最早是因家族因素成为面包师傅，而后历经连锁咖啡馆与复合式餐饮店的洗礼，在接触到精品咖啡的领域，开始喜欢冲煮咖啡后，便更加确定这个兴趣与志向。除了学习烘豆，也一步步累积各种相关实力。2009年，终于在丰原自家店面开了完全属于自己的咖啡店——咖啡叶，开启他全新的咖啡人生。

曾经有一段日子，叶世煌参赛频繁，原因不是为了名次或头衔，而是想借由参赛机会表达自己对咖啡的想法与观念，同时实践实验的精神。例如用极深焙的黑珍珠参赛，以此表达新的想法；或者用极浅焙与极深焙的咖啡豆来做口味上的变化，赋予咖啡新的生命，这对他来说都是新的尝试与挑战。

声称自己没有雄心壮志、目前也无任何开分店计划，只想把这唯一一家店做好的叶世煌，其实太过谦虚。光是观察这仅此一家、别无分号的“咖啡叶”，从平日人潮与来客数，就明白他的成功绝非浪得虚名。不为招徕顾客而打出取巧的营销手法，认真诚恳、把握当下的心态与脚踏实地的经营方式，让“咖啡叶”深获好评。“因为店面多了，需要照顾的层面也会变多，可能连亲手帮客人冲咖啡的时间都会被剥夺，而这并不是我想要的。”

重视互动经验，推广浅焙精品

从最初喜欢冲咖啡开始，到接触咖啡这个行业，叶世煌会因为找不到好的豆子而促使自己去深入了解烘焙这个领域，自己动手烘豆，寻找心中想要的味道。之后因缘际会开店成了老板，立刻面临生存的问题，也迫使叶世煌正视并且思考咖啡店的经营与管理。对他来说，烘豆师与经营者这两个角色，都是从咖啡师这个身份延伸出来的。因此，直接服务客人，通过人与人之间的交流、互动，彼此交换意见、进行思想的激荡，

EDRADOUR
STRAIGHT FROM THE CASK
Kenya
咖啡豆優惠
2014最佳巴拿馬競標豆
兩瓶合購價1200元
2015 SANTA TERESA
巴拿馬 聖塔泰瑞莎
Tanzania
RWANDA MUSASA COOP
RED TYPICA FULL WASHED
LA ESPERANZE

交会出意想不到的火花，才是他最享受也最珍惜的工作状态。“我只想把这家店做好，煮好冲好每一杯咖啡，让客人喜欢，并愿意一来再来。而且不让自己有太大压力，如此才能专心在烘豆与冲煮手法的精进与研究上。”

五六年前，从北欧开始掀起第三次浅焙精品咖啡浪潮，近年更有不少业者风起云涌地相继投入，带动浅焙咖啡的风潮。“很多人以为咖啡豆烘浅一点就是第三次浅焙咖啡浪潮的概念，其实不然。第三次浅焙咖啡浪潮牵涉的是整套的背景，尤其从生豆端就讲究，但没有饮用端的要求，饮用端仍多数停留在酸咖啡的迷思里。”这个迷思指的是从前带有苦味与尖锐酸涩的咖啡，现在的酸已大不相同，其实应该是“酸甜”的咖啡，而且是偏向水果茶到酸甜的范围内，这种是饮用方式与形态的改变。也是叶世煌现阶段想要传达的咖啡理念。

跳脱窠臼，惊喜自在其中

以前的人喝咖啡，喜欢的是轻松自在的氛围，对咖啡了解不深也不讲究，但现在不一样了。随着庄园咖啡、精品咖啡陆续出现，添加物（糖、奶精）也逐渐减少，喝纯咖啡、黑咖啡的人越来越多，这显示出消费者对于咖啡的饮用观念，也慢慢跳脱以往固有的窠臼，能以包容的心去接纳各种可能性。“如果民众愿意更加放开心胸，多尝试不同冲泡比例、不同风味的咖啡，懂得如何去品尝、欣赏一杯均衡咖啡的时候，那种收获与满足感，一定让你难以想象……”

冲煮咖啡的手法自由随兴，经营咖啡店的风格亦随遇而安。不需刻意宣传，“咖啡叶”就能吸引人潮蜂拥而至，这就是叶世煌的特质与魅力。所谓的“花自香，蝶自来”，只要走一趟“咖啡叶”就能明白。

Chapter 2
虹吸壶

虹吸壶（Siphon、Syphon）又称赛风壶或真空壶（Vacuum coffee maker），是利用虹吸原理来冲煮咖啡的器具，又分直立式与平衡式（比利时壶）两种。其冲煮法特别能够凸显咖啡纯粹与厚实浓郁的风味，相当适合用来冲煮单品咖啡。加上有趣的流程与具复古感的造型，使虹吸壶相当受欢迎。

虹吸壶的基本原理

看穿虹吸壶的神秘魔术

“虹吸壶”顾名思义，是指运用虹吸作用来进行萃取的咖啡冲煮器具。但它的具体作用原理为何？对于咖啡成品又有什么样的影响呢？

热胀冷缩×虹吸现象

其实，虹吸壶并不单纯靠虹吸原理来萃取咖啡。以直立式虹吸壶为例，它其实是通过对水的加热，产生高温水蒸气。在密闭的虹吸壶内，水蒸气受热膨胀，气压推动液体，将水推入导管，抽取至上壶，开始烹煮咖啡粉；待下壶温度下降，水蒸气冷却收缩，使上壶的水又被吸回下壶，完成咖啡液的萃取。这种浸泡式的萃取法，能够均衡萃取出豆子原有的味道，将其本身特色直接表现出来，但在风味、层次上面就不如手冲那么明显，这也是虹吸壶和手冲的最大差异。

虹吸壶对原理的运用

↓：受热的气体与水蒸气膨胀，对下壶水面施压。
↑：水被推入导管，带到上壶。

↓：下壶空气冷却收缩，形成吸力，将上壶的咖啡液带回。

KŌNO咖啡赛风壶的诞生

第一个以“Syphon”为名的虹吸壶，出自KŌNO创办人河野彬先生之手。1920年初，在新加坡工作的河野彬，因热衷于喝咖啡，一心想研发出方便又实用的咖啡冲煮器具。当时欧洲流行用“比利时壶”（平衡式虹吸壶）冲煮咖啡。比利时壶是左右双壶设计，再通过管子利用虹吸作用萃取咖啡。但左右双壶的距离较远，必须很高的水温才能开始发挥作用。河野彬于是参考比利时壶的形状，用烧杯、漏斗不断研究与实验，终于设计出直立式虹吸壶的原型。

创新改良，赢得商机

1923年，河野彬回到日本，将直立式虹吸壶原型精制化，成功开发出利用气压萃取咖啡的直立式器具。1925年正式成立KŌNO公司，取得日本专利，将之商品化，以“Syphon”为名的虹吸壶就此诞生，成为河野彬的创业代表作。直立式虹吸壶拉近了双壶间的距离，缩短了冲煮时间，便利性大为提升。目前山田咖啡店店内墙上照片中的桌上器具，就是KŌNO第一代赛风壶。

山田店里的老照片，记录了初代社长河野彬用赛风壶举办咖啡聚会的盛况。

引领精品咖啡风潮

被视为奢侈品的赛风壶，一度走入历史。然而二代社长河野敏夫仍不放弃改良，将萃取效率及品质加以提高，并重新生产、上市，同时将品名改为“河野式コーヒーサイフォン”（河野式咖啡虹吸壶），这就是目前所见的第二代赛风壶。恰逢1964年，日本的咖啡馆蓬勃发展，也带动了虹吸壶的热潮，正式宣告直立式虹吸壶时代的来临。

虹吸壶专用器材介绍

认识虹吸壶

不同于手冲器具，虹吸壶的器材也自成体系，有着自己的特色。

虹吸壶（壶身）

虹吸壶有直立式与平衡式两种，本书主要介绍较常见的直立式虹吸壶。

上壶

盛装咖啡粉用，咖啡粉的浸泡、萃取皆在此进行。因品牌、厂商的不同，上壶外观设计上通常分为圆筒形与圆形两大类，但冲煮原理与功能皆相同。

下壶

用来装水与承接冲煮后的咖啡液。与上壶同为玻璃材质，外壶上通常会有容量的刻度显示，以方便咖啡师操作。

宽胖形上壶

图中由左至右分别是：KŌNO五人份、三人份、两人份的虹吸壶。两人份上壶收尾处，转折角度大、深度很深，能将多余的咖啡细粉和杂质卡在周边。

至于三人份与五人份的上壶，大小尺寸比两人份的宽胖许多，这个设计是为了让手大的操作者方便冲煮咖啡。有些人声称宽胖形上壶煮出来的风味更加香醇厚实、口感更棒，但这只是过度神化，没有任何根据。

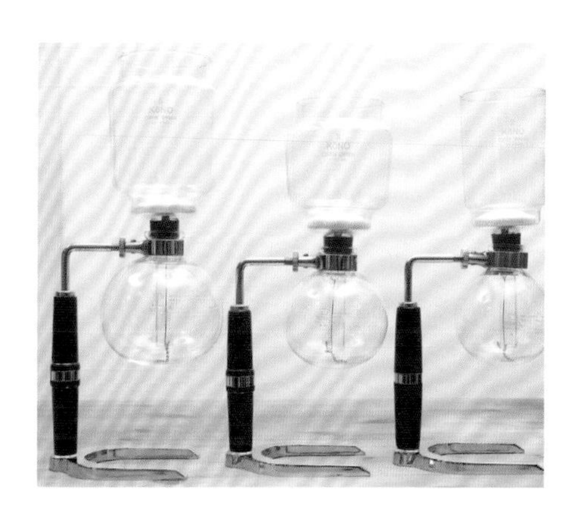

滤器

虹吸壶的滤器为厚片，上有粗大孔洞，需与滤布或滤纸搭配，置于上壶的底端。

陶瓷制

早期赛风壶多半使用陶瓷滤器，因为较易摔破、毁损，逐渐为金属制滤器所取代。

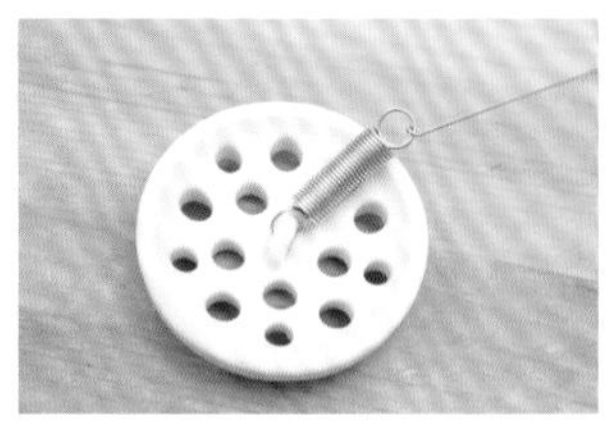

KŌNO的陶瓷滤器有明显弧度，搭配滤布能有效修饰咖啡的味道。

金属制

多为不锈钢制，需搭配滤纸使用。因清洁、保养都很方便，市场接受度越来越高。

滤布

虹吸壶的滤布材质，与手冲使用的滤布一样是法兰绒，通常搭配陶瓷滤器使用。把滤器放进滤布里包好，再把滤布上面的线头拉起来打个结，就绑好了。

使用法兰绒滤布来操作虹吸壶，是比较正统的做法，滤布可以重复使用的优点也符合环保的诉求，而豆子本身的特性与风味也会表现得较为强烈。

虹吸壶滤布的清洗与保养方式，与手冲的法兰绒滤布大同小异，连同滤器一起放入热水里煮到水滚开，咖啡粉末溶解在热水里为止。若一段时间没使用，同样要泡在定期更换的净水里冷藏，以免滋生细菌。

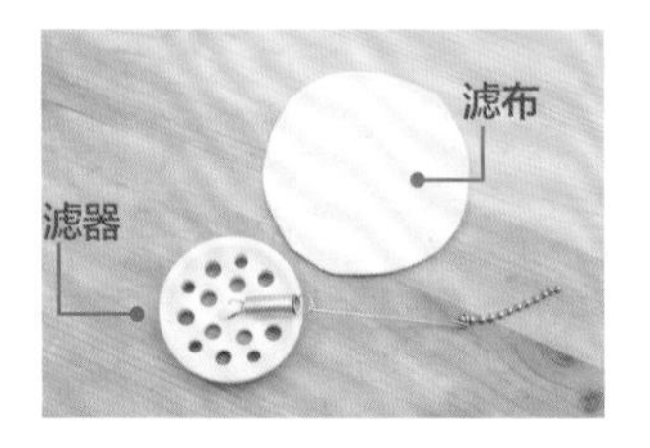

滤布与滤器。

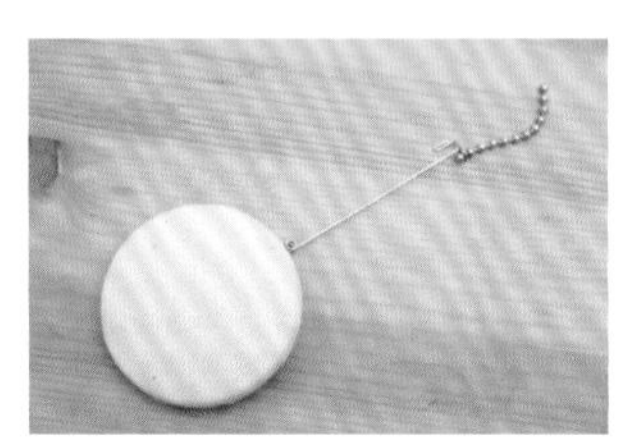

包裹滤布的滤器（正面）。

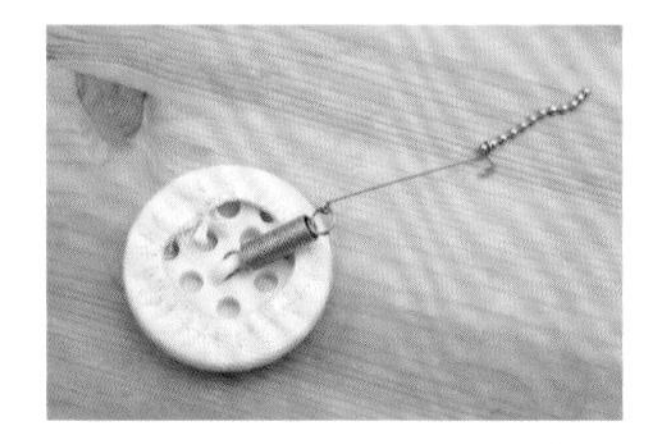

包裹滤布的滤器（反面）。

滤纸

若谈到便利性，比起滤布，当然还是滤纸胜出。用滤纸冲煮出来的咖啡，层次明显且富于变化，也较接近手冲的风味。因此滤纸与滤布，二者各有千秋、不分伯仲。

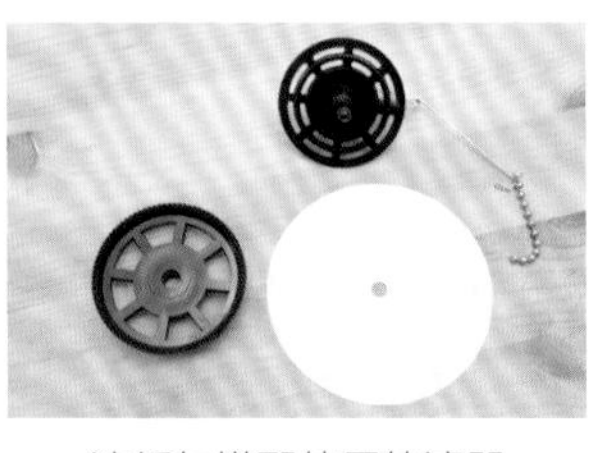

滤纸与搭配使用的滤器。

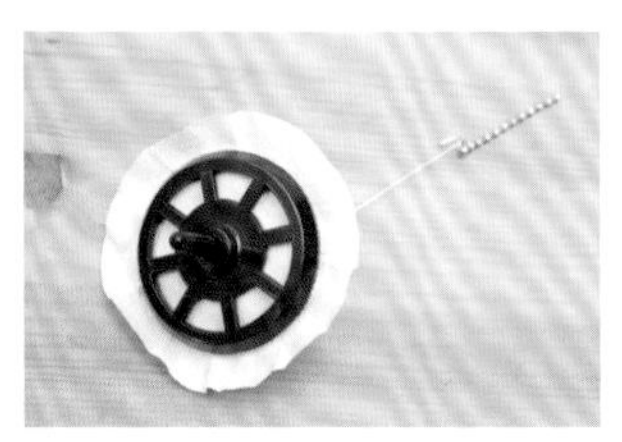

滤纸与滤器的组合。

加热器（热源）

虹吸壶的运作，主要依靠对温度的控制，需在下壶下方放置一加热器，才能正常运作。

酒精灯

使用前先将像爆炸头一样杂乱的棉芯抚顺、剪平、拉直。在正常使用的情况下，棉芯不会出现焦黑的情况，如果棉芯或玻璃出现焦黑，则代表酒精浓度有问题（以KŌNO的酒精灯为例，使用高纯度工业酒精，酒精浓度高达99.8度）。低浓度酒精有一定的水分，燃烧时会产生炭化，便会出现焦黑的情况了。

KŌNO的酒精灯，搭配有独特设计的灯罩。

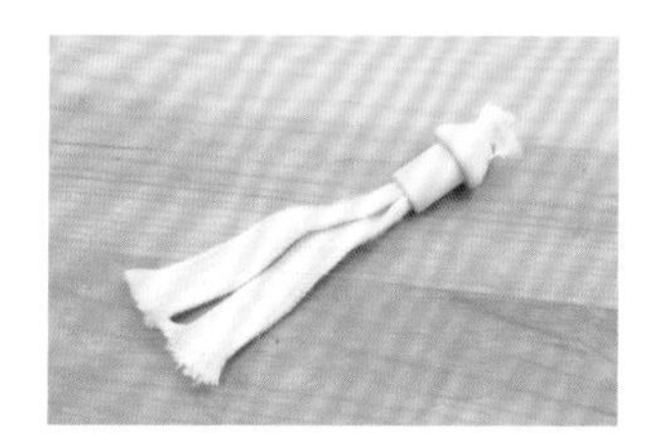

棉质的灯芯，正确使用可以用很久，用尽也可更换。

使用前的灯芯要先整理好。

登山炉

只要灌足燃气就能使用，十分轻巧、便利。

Tiamo陶瓷炉头登山炉，火力集中，不会散发异味。

搅拌棒

用来将结块或浮在水面上的咖啡粉拍进水里，与热水充分结合。

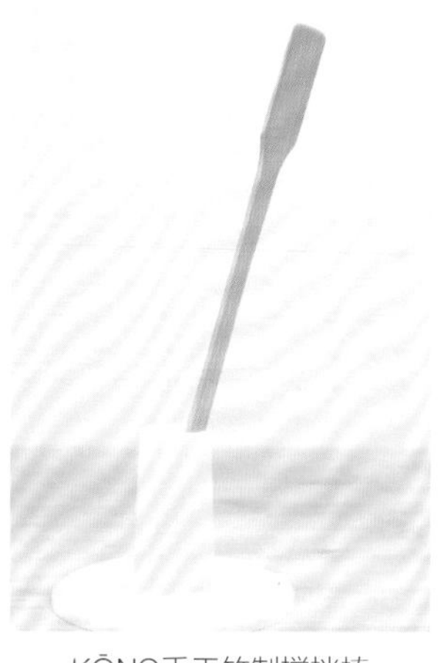

KŌNO手工竹制搅拌棒。

KŌNO咖啡赛风壶

虹吸壶中的贵族

作为直立式虹吸壶的鼻祖，KŌNO咖啡赛风壶有许多与众不同的设计，让它在烹煮咖啡时表现优异，不同凡响。

KŌNO咖啡赛风壶冲煮重点

KŌNO咖啡赛风壶的操作过程，大致可分加热、搅拌、萃取三个阶段。冲煮中因需使用火源，器具材质又以玻璃为主，须特别注意安全。也由于是持续加温的煮法，所以咖啡成品温度较高，接近90℃，很适合喜欢喝热腾腾咖啡的人。

安全注意事项

开始冲煮前先将玻璃外壶擦干，否则加热过程中，若有水滴滴到玻璃上，就容易造成玻璃突然爆裂的情形。点燃酒精灯之前，先将棉芯拉长一点并整理平顺，燃烧才会完全。为了怕影响火焰，煮时所有风源，例如电风扇等都要稍微注意一下，最好能暂时关掉。

❶ 加热

KŌNO咖啡赛风壶的理想萃取水温为90℃，想加速冲煮过程，可直接用80～90℃的热水开始煮。为避免太早开始萃取，可先将上壶斜倚在下壶上方，让滤器的铁链浸入下壶；待铁链冒出连续气泡，再将上壶装入。

❷ 搅拌

为加速粉水融合，当下壶热水都上升至上壶后，即开始搅拌30秒。依序有以下4种手法：

拍粉（把粉都拍入水里）→ 抖松（让咖啡粉均匀散开）→ 划“8”字（划开结块处）→ 绕圈圈（同一方向绕两三圈，带出杂质）

❸ 萃取

搅拌完后，再煮1分钟就熄火，等咖啡自动萃取。萃取完后，前后推一下，将上壶取下。下壶的咖啡在倒出前先稍稍摇晃、摇匀。

流程示意图

加热至下壶热水都升入上壶 → 搅拌30秒，再加热1分钟 → 熄火，待萃取完成

| KŌNO咖啡赛风壶步骤示范 | 示范职人：山田珈琲店

黄色潜水艇（配方豆）

“黄色潜水艇”是山田珈琲店的招牌配方豆，名字取材自摇滚乐团Beatles（披头士）的歌名，混合了两个巴西、一个哥伦比亚的豆种。特色是焙度较深，是分开烘完再混合，注重后韵的甜味。黑巧克力的味道＋焦糖的甜味＋坚果的香气，喝完仍久久不散。

研磨后示意图——中粗研磨（刻度4.5）

豆种：黄色潜水艇（中深焙）

烘焙：中深焙

研磨度：中粗研磨

咖啡粉：24g
（两平匙，两人份粉量）

粉水比：1:10

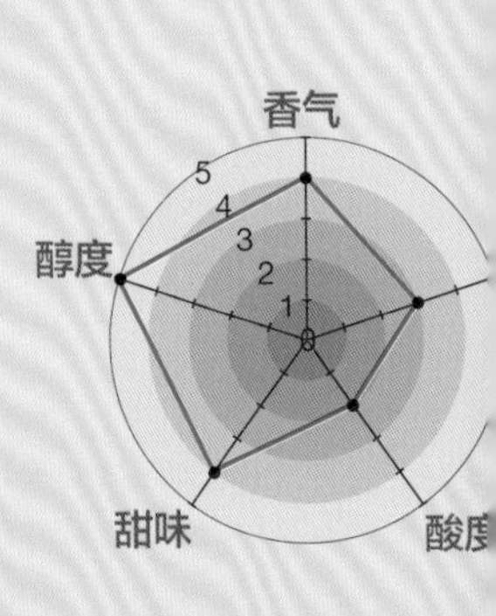

用水量：240ml

水温：88℃

浓度：1.3%

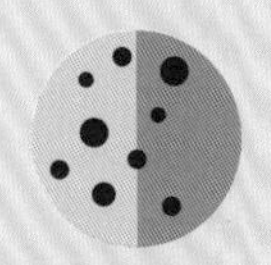

萃取率：13%

1 **前置作业**

将器材组装好，擦干玻璃外壶。

2 **加热**

90℃左右的热水倒入下壶，点燃酒精灯火焰，开始加热。

3 等待加热的同时，将磨好的咖啡粉倒入上壶内，斜斜放在下壶上面，预备插入下壶里。

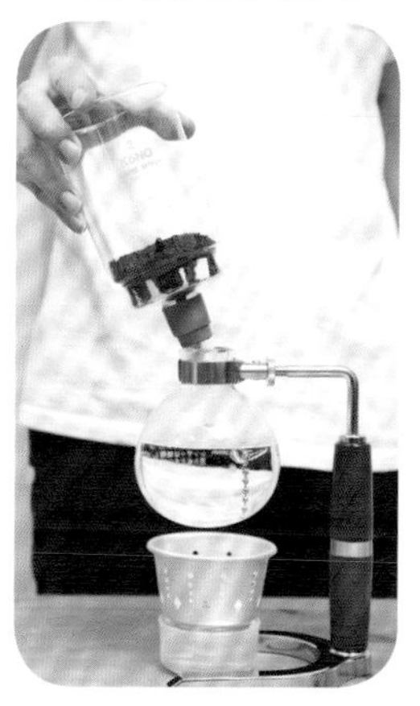

4 持续加热3～5分钟，观察到下壶铁链旁开始冒出连续的泡泡时（此时水温约93°C），轻轻将上壶插入，让热水开始上升。

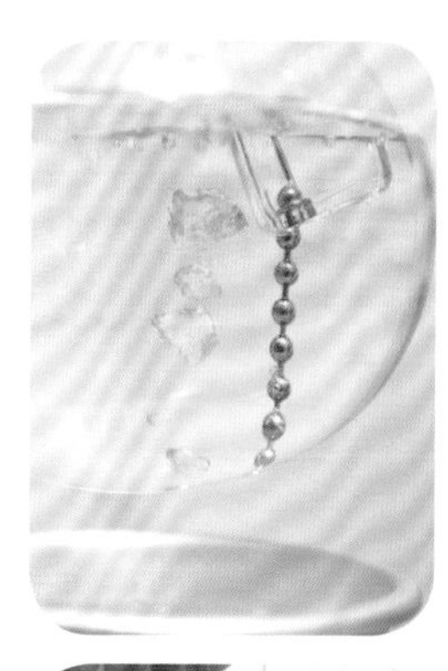

Tips

刻度4.5是基本的研磨刻度，也适合各种烘焙度的豆子，不需经常变动。若想做出风味上的变化，可通过搅拌、技法或冲煮上的改变来调整。

若是只想冲煮一人份的咖啡，同样建议以两人份的粉量与水量来冲煮，因在品质上比较好控制，水量与粉量太少都较难呈现咖啡完美的风味。

由于咖啡粉会吸水，所以一开始可先多装1ml的水量，萃取完成能达到约240ml。

5 搅拌

等热水上升至上壶、碰到咖啡粉时，准备进行30秒钟的搅拌。

6 拍粉

将浮在上面的咖啡粉拍进水里。

7 抖松

让粉与水能充分结合。

8 划“8”字

以相同方向，重复划“8”字搅拌，把结块的部分均匀松开来。

9 绕圈圈

用力绕两三圈，利用离心力把杂质和气泡甩到外层。绕圈结束后，从正中间把搅拌棒直立，轻轻抽出。

Tips

搅拌完后，可以观察上壶的分层来判断萃取情况：最下层是咖啡液，中间是膨胀的咖啡粉，最上层是气泡。如果中间咖啡粉层太薄，代表咖啡粉没有充分吸水；最上层气泡太少，则表示杂质并未充分甩出。气泡若呈金黄色代表萃取充分，冲煮成功；气泡若呈白色就代表萃取不完全。

10 萃取

搅拌完后让咖啡继续煮1分钟。

11

熄火，等待上壶的咖啡往下壶萃取。

咖啡液滴至下壶

12

待萃取完成，前后轻摇一下，取下上壶。

13

咖啡倒出来前先稍微摇晃一下，让浓度更均匀。

Tips

由于KŌNO上壶的特殊设计，萃取完留下的残粉，会变成中间凹下的山谷形状，而非一般的山丘形。杂质、细粉、气泡等，则会卡在口径紧缩处周边。

上下壶的密合度会影响萃取时的水温，其他品牌的虹吸壶可能因密合不佳，造成水温过高，增加萃取时间，使咖啡中不好的苦味、涩味被带出来。此时就需要用湿毛巾包住下壶，以加速冷却。

Chapter 3
摩卡壶

摩卡壶起源于意大利，主要透过蒸气压力来烹煮咖啡，因此又称蒸气冲煮式咖啡壶，或意大利咖啡壶。想喝到香醇浓郁的Espresso却又没有意式咖啡机时，简单耐用的摩卡壶就是最佳选择！

摩卡壶的基本原理

仿佛火山喷发的萃取方式

与直立式虹吸壶相似，摩卡壶利用水加热至沸腾时产生的蒸气，形成压力，将下壶的热水通过导管送至上壶。

虹吸壶的异国表亲

该壶起源自德国的虹吸壶，水被推入上壶后才开始与咖啡粉接触，浸泡完成后回流。意式摩卡壶的水却是在加压上升的过程中就与咖啡粉（位于中层的粉槽）接触，让咖啡粉充分吸收水分，再借由压力将萃取出的咖啡液送至上壶，没有回流过程。这种加压萃取的过程，让摩卡壶煮出的咖啡口感较浓，与Espresso近似，甚至会产生少许的咖啡油脂。

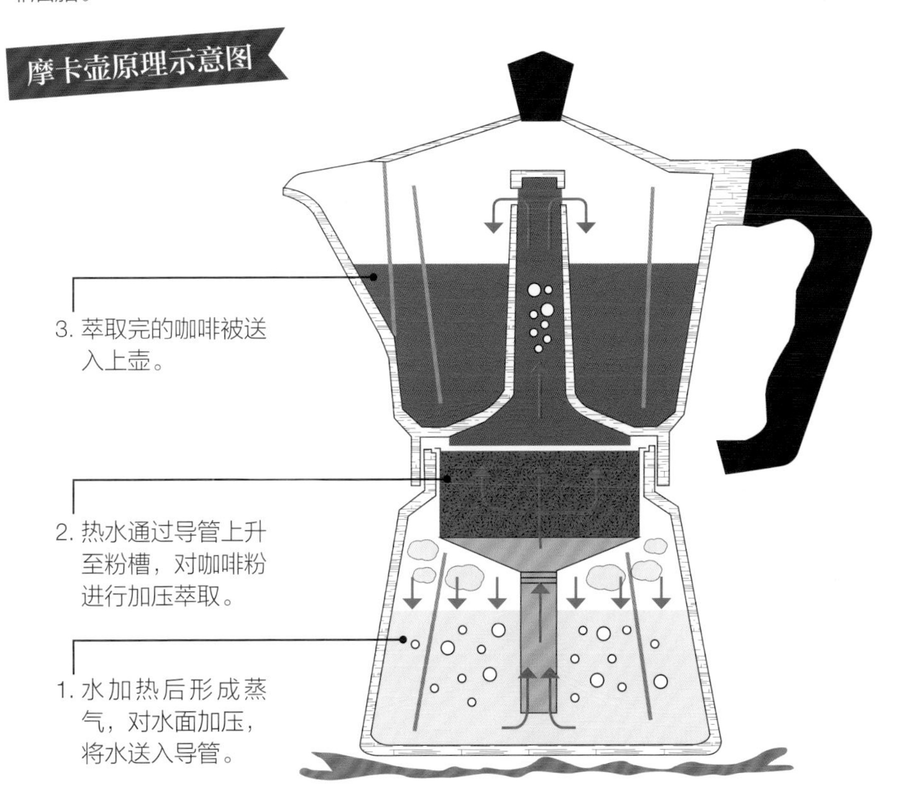

摩卡壶专用器材介绍

认识摩卡壶

摩卡壶不易发生故障，耗材只有上壶底部的垫圈，其他配件也不多，是结构简单、好上手的冲煮器材。

多种造型的摩卡壶

Bialetti水晶玻璃摩卡壶，上壶为高硼矽玻璃，可耐瞬间高温差。

Tiamo 10周年限量版摩卡壶，小巧可爱。

Bialetti双耳迷你摩卡壶，上壶平台需置咖啡杯盛接咖啡。

VEV VIGANO Kontessa摩卡壶，不锈钢采用镜面处理，精致美观。

摩卡壶（壶身）

摩卡壶传统上使用铝合金制成，但为了强化加压萃取的功能来产生咖啡油脂，现在多使用更加坚固的不锈钢。一般分为两人壶、四人壶与六人壶，壶身包括上壶、咖啡粉槽与下壶三部分。

小心仿冒品

要注意的是：市面上知名品牌的摩卡壶，都有仿冒品出现。仿冒品的垫圈材质较软，往往不够密合。若是透明垫圈，则几乎可以确定是仿冒品。有的仿冒品除了垫圈材质，连里层的金属也会产生异味，这些都是判断是否为仿冒品的依据。

上壶

上壶的主要功能是盛装萃取完成的咖啡液，有的摩卡壶为强化产生咖啡油脂的功能，会在中央加设聚压阀。底部的金属滤网和橡胶垫圈具有隔绝咖啡渣和热水外泄的作用。如果上下壶接合处出现漏水现象，表示垫圈已不够密合，需要更换。

粉槽

位于中层的粉槽是用来装填咖啡粉的圆形槽状物，因槽底有滤孔的设计，所以也具备过滤的功能。粉槽容量视几人份而定，有些品牌会附赠减量片，有的则无。

下壶

下壶盛装煮咖啡用的净水。其中泄压阀的装置，可调节加热时产生的压力，帮助热水上升至粉槽，萃取出最具口感与香气的咖啡液。

滤纸

贴在上壶底部滤网部位的滤纸，作用是避免咖啡粉从粉槽通过滤网时，会通过连接管跑到上壶去或卡在连接管里。而且使用滤纸能达到再次过滤的效果，让口感更干净。

使用摩卡壶煮Espresso时通常不使用滤纸，因为会减少咖啡油脂的产出。但在煮单品时，滤纸就有不错的修饰效果。

摩卡壶的圆形滤纸。

圆形滤纸用于上壶底侧。

加热器

和虹吸壶一样，摩卡壶下方需要有稳定热源，但火力要较虹吸壶的强。优先推荐的是小型燃气炉（搭配炉架，可清楚观察火源大小），家用燃气炉或黑晶炉也可以。有些人也会使用电磁炉，但要注意与摩卡壶的材质搭配，铝制的即无法使用电磁炉加热。

燃气炉与炉架的搭配。

VEV VIGANO Kontessa摩卡壶

来自意大利的精致工艺

典雅亮丽如艺术品般的造型，即使只是放在厨房当摆饰，也赏心悦目。操作并不困难，只要正确组装，并注意填粉手法与控制火候即可。

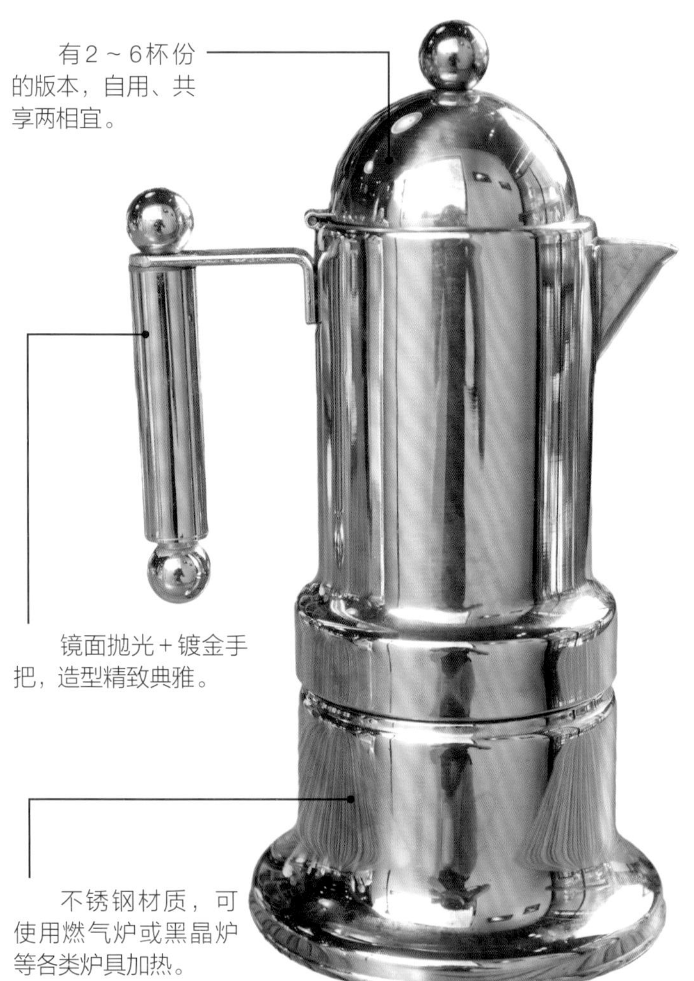

有2～6杯份的版本，自用、共享两相宜。

镜面抛光+镀金手把，造型精致典雅。

不锈钢材质，可使用燃气炉或黑晶炉等各类炉具加热。

下壶装水时不必刻意测水量，但不可高过泄压阀。

下壶泄压阀外观。

VEV VIGANO Kontessa摩卡壶冲煮重点

不同款式的摩卡壶的粉槽容量可能略有差异，因此只要粉量填满粉槽，以未盖过泄压阀孔洞的水量为基准来冲煮即可，一般不需事先计算水量与粉量。

过筛

庄宏彰强调，咖啡粉过筛的步骤不能省略，因为太细的粉末会产生较多杂味，影响咖啡的风味。如果没有过筛器，可以将磨好的咖啡粉先倒入一个纸杯中，稍微轻拍几下，再轻轻倒入另一个干净的纸杯中，将沉在杯底过细的咖啡粉筛掉。

填粉

过筛后的咖啡粉即可填入粉槽。为避免粉末溢出，阻碍上下壶的组装，咖啡粉不宜过满，也不宜压实（会造成冲煮时水流难以顺利上升），所以应采取先预留多一点的粉量再慢慢推平的做法。

加水与组装

在下壶注入已过滤的冷水，容量到达泄压阀下缘的位置即可。之后将上下壶组装起来，一定要旋紧，不能有缝隙，否则咖啡粉在煮的时候会顺着卡榫的螺纹冒出来。（不同的摩卡壶组装方式或有差异，建议使用前详阅说明书。）

火候控制

组装完成即可开始加热。先用小火慢慢煮，煮到“咕噜”声出现（壶内咖啡液开始冒出），且闻到甜甜的焦糖香气，即可转大火（以不超过小型燃气炉圈外缘为限）。煮至壶内泡沫变少，“咕噜”声更加明显时，再等10秒即可关火。待冒泡声结束，即完成萃取。

流程示意图

VEV VIGANO Kontessa摩卡壶步骤示范

示范职人：庄宏彰

哥斯达黎加咖啡花庄园金蜜豆

浅焙

产自哥斯达黎加西部谷地的咖啡花庄园，甜度高，口感干净清新，水果风味丰富，并带花香，有较浓的葡萄柚发酵味。

研磨后示意图——中研磨（刻度3.5～4）

豆种：哥斯达黎加咖啡花庄园金蜜豆

烘焙：浅焙

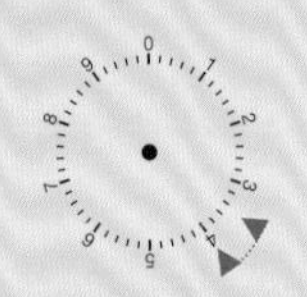

研磨度：中研磨

咖啡粉：25g（过筛后约23g）

粉水比：1:12

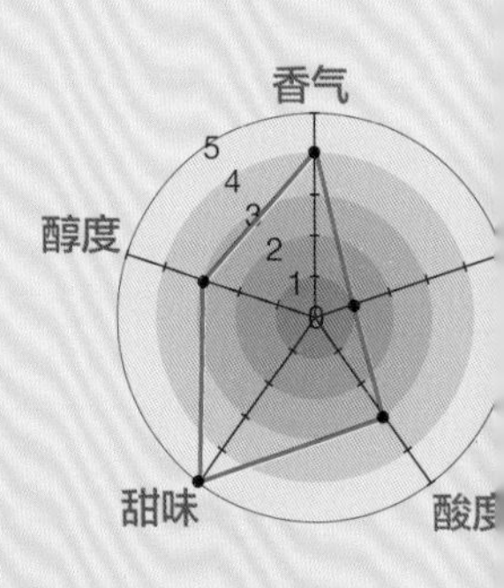

用水量：约300ml（不超过泄压阀下缘）

水温：25℃

浓度：2.2%

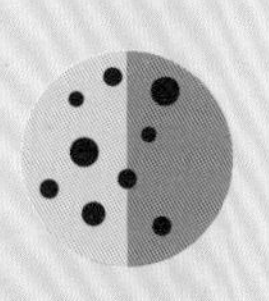

萃取率：26%

1 **前置作业**

用纸杯装咖啡粉，轻拍后倒出粉末备用。（或使用过筛器）

杯底剩下的细粉倒去不用。

2 咖啡粉倒入滤器内。左手快速旋转粉槽、右手倒粉，让粉末均匀倒入粉槽中，至表面微微鼓起为止。

3 左手旋转滤器，右手以汤匙或其他笔直棒状物平放在滤器上，以推平粉末，让粉槽内尽可能不留空隙，呈现表面平整状态。但咖啡粉量勿超过滤器的沟槽。

4 倒冷水至下壶，容量、高度不得超过泄压阀的下缘。

5 在上壶底部滤网上沾点水，贴上滤纸，让滤纸服贴在滤网上。

6 上下壶组装。

Tips

有时也有可能因为粉装得太满、卡榫的缝隙没清理干净等原因，导致煮的时候水会从下座空隙溢出来。

加水时若水量超过泄压阀上的孔洞，压力就会受到影响，水就无法通过粉层萃取咖啡。

7 加热

从小火开始加热。

8 咖啡液从上壶冒出来时（“咕噜”声出现，且闻到微微焦糖甜味），转为大火（以不超过小型燃气炉圈外缘为限）。

9 大火加热至壶中泡沫即将冒完、“咕噜”声变明显时，再等10秒钟即可关火。萃取完成。

Tips

咖啡液冒出的时间在5分30秒～6分30秒，但想要确切把握火候调整的时机，还是得从“听‘咕噜’声”“泡沫出现”“闻味道”三者来判断，不必拘泥时间。

前期小火能让咖啡释放出来的香气与风味较为完整。后期大火加速水流通过，避免萃取过度。如果萃取时间过长，杂质也会变多、浓度也会变厚。

庄宏彰

创意咖啡的实践者与梦想家

从小就立志往餐饮业发展的庄宏彰，不曾偏离原先设定的目标。他有计划地游走于中餐、西餐、吧台、果雕、饮品等相关领域，悄悄吸纳各家精华，以至于年仅30多岁便练就“十八般武艺”与一身真功夫。2009年正式由餐饮业转到咖啡业，庄宏彰便拿下该年度台北咖啡节创意咖啡大赛冠军，并自此过关斩将、获奖无数！2010年获亚洲杯咖啡大师竞赛与创意咖啡双料冠军，更是第一位获得意式咖啡国际竞赛冠军的华人得主。

走进咖啡的世界之前

厨师出身的他，曾经历过各种基层的辛苦工作与环境，那些庞杂与琐碎造就了他的全面性与抗压力，即使转入咖啡业后也一样受用。咖啡对他而言，虽非人生中的唯一，却也是最重要的一部分。“咖啡带给我很多美好与痛苦，同时也滋养、丰富了我的生命。时间久了，美好的会留下来，而痛的部分我告诉自己不仅要学着接受，还要跟它和平共处，让它成为‘美好的记忆’。”

庄宏彰很早就开始为自己的将来做准备。初中毕业后就到餐厅打工，不论内场外场都乐在其中，即使只是在厨房帮忙备料、打杂，他也甘之如饴。勤奋的他，还曾拜托老板让他不支薪学习工作经验。那种对工作、对生命的狂热，让人不禁对他竖起大拇指，从心底佩服。“对我而言，那不只是学习而已，更是一种梦想的实现。”

18 ~ 25岁时，庄宏彰每半年就换一次工作，中餐、西餐、商业大楼餐厅、学区附近餐馆，每种类型都去学习。“因为年轻，想到各种不同环境接受挑战与训练，让自己的经验更全面。”这样的策略与计划，让他年纪轻轻就身怀绝技、历练不凡。

用创意点燃生命火焰

庄宏彰分别在2008、2009年，以“101烟火”及“杜鹃”两个作品，连续夺得台北创意咖啡大赛冠军。他对新品的研发，对如何使各种不同食材与咖啡相结合时冲撞出不同的创意，有极高的热情。以往餐厨的资历，经过时间淬炼，往往让他在瞬间涌现灵感，以不同的原料研发出别开生面的创意作品。

各类食材中，他最推崇的就是中国台湾农产品。他想挑战消费者的味蕾，让消费者了解他的想法与概念。庄宏彰始终认为，咖啡可以跟很多东西相互结合，尤其是中国台湾本地的农产品，他采用洛神、桃子、咖啡，制作出代表作“杜鹃”，看似不相配的东西，味道却意外地契合！

创意咖啡一般都以拿铁为主，但庄宏彰想挑战的是黑咖啡，想加上创意的改变，展现不同风貌。2015年的新创意，就是以柳丁原汁加上黑咖啡，上层咖啡、下层柳丁，单是颜色变化就能营造出色彩鲜明的视觉感受，一口饮下时，先是咖啡后是柳丁汁的酸甜味，颠覆一般调和咖啡的观念。

专注冲煮，做让自己和别人都快乐的事

庄宏彰认为咖啡产业，包含了农业的种植、工业的烘焙、商业的包装和后续的冲煮与服务。“但我只做到服务这一块，所以我很会冲煮。因为这是我的专业，所以一直没多涉猎其他领域。我之前的烘豆师谭大哥曾说：‘豆子下锅之后就是你的事了。’这话让我印象深刻。”庄宏彰还妙喻：冲煮者有点像是文法商学院；烘焙者则像是理工学院，需懂得热传导等原理；至于生豆的种植与挑选，就有如农学院了。

这样的分类并不代表彼此无法兼顾，他认为在同行业里，能兼顾烘豆师与冲煮者身份的人很多，而且表现出色。“我觉得他们很棒，但这不是我的选择。我只是把自己定位在一个冲煮者的角色，尽我所能把工作做好，并且坚持我的想法，仅此而已。”他喜欢冲煮，是因为这是最能够与消费者直接接触的工作。通过每一次的交流，明白消费者要的是什么，再清楚地给出去，并且建立自己的风格，这就是他认为的咖啡师价值所在。

“我在服务顾客之前，都会先询问客人的需要，了解客人想喝的味道，微苦的？酸甜的？还是浓郁的？再从客人的答案里去寻找我要的豆子以及冲煮方式，这才是我的工作。我希望客人能主动告诉我他最喜欢的风味，我也会尽量满足他们的需求。”这种实际的互动，让他很有成就感也很开心，未来还是想继续专注在这个领域，努力做到最好，这也是他从事咖啡业的初衷。

迈向人生下一个里程

母亲曾经问他："为什么喜欢做这一行？"他调皮地回答："因为你常不在家，我只好自己煮给自己吃。"这是玩笑话，事实上，"不管当厨师或咖啡师，每当看到客人吃了我做的菜或喝了我煮的咖啡，露出满意快乐的笑容，我也会跟着高兴。就是这么单纯的动机，造就了今天的我。可以说，想让更多人高兴、快乐，是我的人生目标！为了达成这个目标，所以学会这么多的技巧。"

经过短暂的休息与沉淀，庄宏彰初履新职，目前担任成真社会企业有限公司（Come True Coffee）总监，负责咖啡冲煮的训练与讲座。未来他将本着公司创立的宗旨，实践回馈社会，让每个人都能梦想成真。公司50%的获利，将会回馈于世界展望会的非洲掘井净水计划，培育未来对中国台湾咖啡业界有帮助的咖啡种子。

如果你找到你热爱的，让它变成你的一切。
如果你还没找到，用尽所有一切也要找出来。
我比任何人都幸运的是，我很早就知道，我热爱什么，
而且，用我生命的所有，去追寻。
过程中有失去，有得到，但那都是我。
我还在朝我的梦想前进，
我也还在为我的人生下注。
希望，你们也是！
——庄宏彰

Chapter 4 法式滤压壶

法式滤压壶以前多用来泡茶，后来滤网的孔眼改良、缩小，也适合用于咖啡的冲煮。法式滤压壶设计简单，使用方便，影响冲煮过程的变因少，透明玻璃外观更方便观察冲泡情况，特别适合初学者。

法式滤压壶的基本原理

简易直接的萃取方式

法式滤压壶是操作简单、使用便利的冲煮工具，相较于其他冲煮方法，技术门槛不高，却又可以带来味道更加浓郁的咖啡，表现咖啡原始的风味。

基本原理

法式滤压壶的冲煮原理就是“浸泡＋过滤”。透过充分的浸泡与过滤，就能萃取出风味绝佳的咖啡。这种方法萃取出来的咖啡，最大特色是能保留较多的油脂，口感滑润、香气浓郁。

由于使用方式简单，可供操作、调整的变因也相对简单，主要包括：咖啡粉的粗细、水温与浸泡时间三项。如果你对冲煮出的结果不甚满意，可以试着从这三项变因着手调整。

只要掌握几个细节与重点，法式滤压壶便是冲泡起来最为简单容易的器具，加上滤布后又能轻松滤掉咖啡渣，保留最佳的口感。

法式滤压壶原理示意图

A：咖啡粉与水充分混合，浸泡足够时间。

B：用滤网过滤掉咖啡粉，取得澄清咖啡。

C：过滤完即时倒出，避免萃取过度。

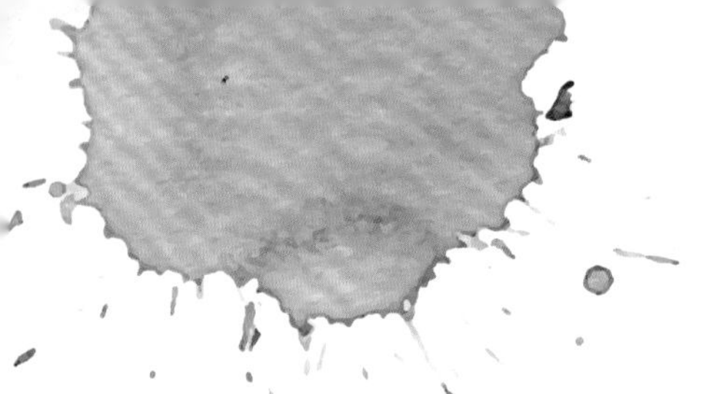

法式滤压壶专用器材介绍

认识法式滤压壶

法式滤压壶简称滤压壶（press pot）或咖啡滤压壶（coffee press），是由玻璃壶与金属滤网所组成的咖啡冲泡器具。最早是在1929年由米兰设计师Attilio Calimani（安提利欧·卡利马利）取得专利。

其他款式的法式滤压壶

Tiamo哥伦比亚双层不锈钢滤压壶，保温效果佳。

Tiamo多功能木盖滤压壶，木质杯盖更添质感。

Tiamo几何图文法式滤压壶，设计上颇具现代感。

Tiamo多功能法式玻璃滤压壶。

法式滤压壶

常见的有圆筒形与圆弧形两种，壶身包括上方含有推压滤片的盖子，以及下方的圆形盛杯。市面滤压壶的种类繁多，通常以材质和滤网来分类。

材质

耐热玻璃与不锈钢材质最常见也最普遍使用，保温效果亦佳。另外也有特殊材质制造的滤压壶，例如紫砂壶，保温效果也好，只是产品不多、重量也较重，适合收藏。

滤网

有单层滤网与双层滤网两种。双层滤网的过滤效果较佳。

Hario Cafe Presso双层隔热玻璃，保温效果好，也不烫手。

滤布

通常法式滤压使用方式并不需要滤布，有些咖啡师为了过滤咖啡渣才会使用。

虹吸壶滤布中央穿孔，即可用于法式滤压壶中。

电子秤

主要用来秤水的容量，以求精准。

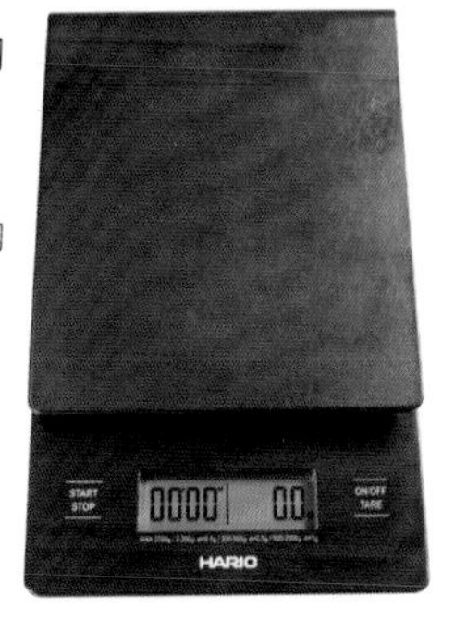

搭配有归零功能的电子秤，方便计算水量。

Hario CafePresso 双层保温滤压壶

操作便利，浓郁香醇

法式滤压壶冲出来的咖啡，优点是油脂感很好、很滑润。咖啡的油脂感可以在嘴巴里充分释放出来，很多人因喜欢这种口感而选择法式滤压壶。

Hario CafePresso双层保温滤压壶冲煮重点

基本的流程就是“浸泡+过滤”，重点在于粉水比的控制，还有水温与时间的掌握，以及足够的浸泡时间。浸泡是为了让咖啡粉和水接触，并且充分融合，然后萃取出来。

浸泡+过滤

浸泡用的热水，通常会选择低一点的温度，介于80～90℃。时间以4分钟最为理想，能充分展现咖啡风味又不会萃取过度。

浸泡结束后就要压下滤网，下压前要注意盖子必须盖得平整，否则就无法正常下压，导致咖啡渣从边缘缝隙跑出。

额外改良

简嘉程特地介绍了他的改良版本，即在上述做法之外，再加上“加装滤布”“过滤前搅拌”两个步骤。

不使用滤布，会有咖啡渣跑出。

法式滤压壶的滤网大且不够细密，会有咖啡渣从旁边跑出，产生浊度。如果要凸显油脂感，就要把它过滤得更干净。经过简嘉程和好友刘家维共同研究，最理想的方法就是加一块滤布，冲煮出的咖啡喝起来还有似虹吸壶煮出的醇厚浓郁口感。如果使用滤纸，反而会吸走油脂。

使用滤布，滤网上层干净无渣滓。

而过滤前使用搅拌棒搅拌，是为了提高萃取的完整度，因为有时咖啡粉不见得能均匀吸水，搅拌一下可以加速粉水的融合，让咖啡粉的吸水情况能更平均。

流程示意图（改良版）

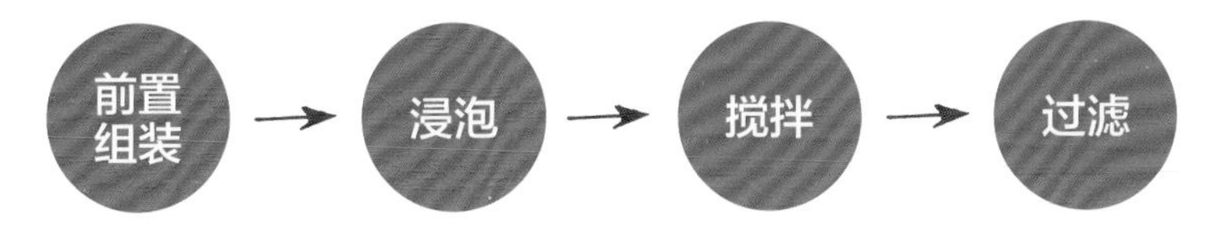

法式滤压壶步骤示范

示范职人：简嘉程

哥斯达黎加鳄梨庄园蜜处理

香气饱满，融合了近似蜜茶与果物的酸甜滋味，质地轻滑细腻，入口后拥有近似水梨、李子的酸甜感，甜感鲜明，余韵则似花香、甜瓜，柔和绵长。

研磨后示意图——中研磨（刻度3.5～4）

豆种：哥斯达黎加鳄梨庄园蜜处理

烘焙：浅焙

研磨度：中研磨

咖啡粉：15g

粉水比：1:20

用水量：300ml

水温：90℃

浓度：0.4%

萃取率：7%

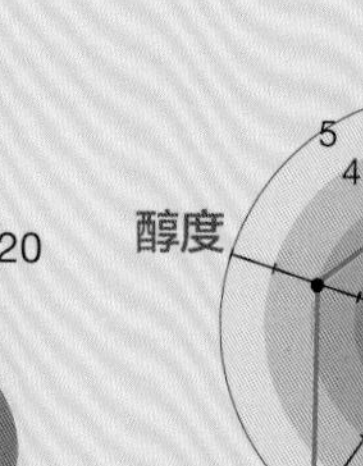

香气
醇度
甜味
酸度

1 **前置作业**

在滤布上钻洞。钻好洞的滤布穿过滤网上的扣环，压平、固定好，备用。

滤布中央穿洞。

原滤网。

加上滤布的滤网。

2 将咖啡粉倒入壶内。

3 **浸泡**

倒入热水，可以用磅秤或观察壶外刻度来确认水量。

4 浸泡，计时4分钟。

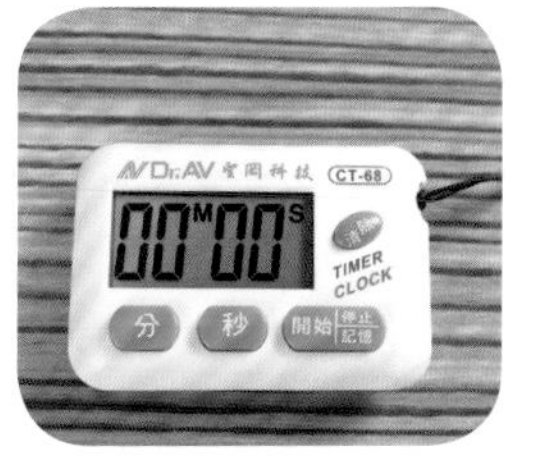

5 **搅拌**

搅拌几下，让咖啡粉均匀散开，能充分浸泡在热水里。

6 挤压

盖好盖子，保持平稳，以双手水平下压，压到底为止。

7

萃取完成即可倒出，避免过度萃取。

Tips

若不使用滤布，咖啡渣容易透过滤网跑到上面来，但也有人喜欢这样的口感，并无绝对的好与不好，全凭个人喜好。

简嘉程

投身公益的青年实业家

2013年12月25日这天，也是中国台湾道路收费站拆除前的最后一个圣诞节，简嘉程策划了一个特别的活动——“到收费站煮咖啡”，前往每一座收费站休息室，现场煮咖啡给收费员享用。早在这之前，收费站即将拆除的消息已经曝光，经常往返北中两地的简嘉程嗅出收费站的郁闷氛围，心里想着：若有机会，希望能亲手煮咖啡给劳苦功高的收费员喝，帮他们打气，让他们知道，人生不会因为失去一个工作就此结束。“就像我们常说的，咖啡是可以传递温度的东西。我希望在自己能力范围之内，多为社会尽一点力量，能做多少就做多少，而且要赶快做。借由活动，让道路收费人员明白，社会还是充满着人情味与相互理解。”

收费站的“咖啡圣诞派对”

圣诞节当天一大早，简嘉程与两位同仁开着车，带着咖啡豆、牛奶和意式咖啡机，往北二高的树林收费站出发，走完一高回来，再绕到宜兰，总共22个收费站，前后37个小时，途中不休息不睡觉，一路煮咖啡、送咖啡。他们一站一站停靠，每站都到休息室为收费员煮咖啡，一定煮到每个人都喝满意了才启程前往下一站。

活动一开始并不顺利，虽然简嘉程和同仁一到休息站就先说明来意，但工作人员无论如何都不相信，“怎么可能会有这种事？免费煮咖啡给我们喝？是诈骗集团或是卖机器的吧！”从站长到收费员，都以为他们不是脑子有问题，就是别有用心。直到简嘉程和同伴们开始动手磨豆子、煮咖啡，大家开始喝咖啡之后，才相信这是真的。从最初的不相信、不接受，到后来的不可置信，感动到热泪盈眶。“也许是现在的社会太复杂了，当有些人真的想回馈社会做一点事时，还会遭到质疑，甚至重重阻碍。”简嘉程感慨地说。

传递一杯咖啡的温度

活动越来越顺畅，喝咖啡的人高兴、煮咖啡的人更开心。“这种感觉真的很棒。对我来说，我分享给他们的只是一杯咖啡，但他们回馈给我的却远远多过这些。因为这次活动，让我第一次完成沿着高速公路收费站环岛的心愿，多么特别的经验！我人生中好多第一次都在这次行程中出现。因为收费站的大哥大姐们，让我有机会去体验人生、认识中国台湾，所以该道谢的应该是我才对。”

连续37小时的马拉松式活动，到底煮了多少杯咖啡，其实无从估算，因为大家都喝上瘾了，还会再拿随行杯来多装几杯。为顾及大众口味，当天清晨还先煮好了桂圆红枣姜汤，加上咖啡和牛奶，就是一杯心意满满的创意拿铁！红枣取其“工作好找”的谐音；桂圆是祝福他们未来的日子一切圆满顺利；姜则作为祛寒之用。在寒冷的冬夜，能喝到一杯加了桂圆、红枣、姜汤的拿铁咖啡，再暖心不过。大家非常感动，哭得泪流满面，也从这一杯杯热腾腾的咖啡里得到鼓舞与力量。

从活动细节的规划与安排上可以发现，在简嘉程酷酷的外表下，隐藏着一颗极度柔软的心。“我很开心在旅途中遇到的人和事物，在这一站遇到什么人，在那一站发生什么事，凡此种种，都是我人生路途中最美好的回忆。”

从咖啡看全世界

除了柔软感性的一面，简嘉程在咖啡领域上也有其理性的独到见解。“曾有学者分析，2015年，中国台湾每人每年平均喝下113杯咖啡，平均每人一天喝0.3杯。由这几个数据来解读，中国台湾的咖啡市场还有很大的发展空间。”简嘉程分析着。如果以中国台湾每人每天平均1杯咖啡的量来计算，整个市场的成长则高达2/3，这是非常惊人的数字。简嘉程认为，不论对超市便利店的平价咖啡、国际连锁咖啡馆还是即将进军咖啡市场的金融集团业者，都绝对是把市场做大的机会。

只要有时间，简嘉程就会前往咖啡产区参观。前两年锁定在中美洲，2015年着重在中国台湾，2016年之后则希望能到非洲去看看。“自从做咖啡以后，我才有机会在全世界走走，主动了解各国各地的风土、环境、种植条件，参考相关文献资料与数据，收获很多。自此，也才真正了解关于咖啡的各个环节与面向。小农是不可能使用农药的；尤其落后贫穷地区的农民，连买农药的钱都没有，更不用说使用农药了。他们种出来的其实就是有机产品。”

创造人生的价值

听简嘉程不疾不徐地讲述着，每天行程满档的他，不仅分身有术，更期许自己能发挥影响力，以咖啡为出发点，回馈社会、参与公益，创造更多人生的价值。简嘉程每个月往返台北、台东，给台东戒治所受刑人员上课，教他们在鹿野种植咖啡，学习一技之长，“期盼他们重返社会之后，不论从事何种行业，都能在忙里偷闲的短暂时刻里，懂得品尝一杯真正的好咖啡。”

Chapter 5
爱乐压

爱乐压是爱乐比（Aerobie）公司在2005年推出的产品。状似注射器的它，方便携带、清理，结合浸泡、挤压与过滤，轻松煮出高品质的咖啡。口感与意式咖啡机接近，浓郁中仍保有细致的风味。

爱乐压的基本原理

横空出世的新时代冲煮器

爱乐压是2005年前后，由美国一家专门生产“飞盘”的公司——Aerobie（爱乐比）所研发出的新产品。该公司早期以生产塑料玩具为主，旗下的环形“飞盘”还曾创下全球最远的掷远纪录。

最有趣的手作冲煮

以咖啡工具而言，爱乐压无疑是近年最受瞩目与欢迎的咖啡冲煮器具。它结合了童趣的娱乐效果，以及轻巧、便利、容易操作等特性。

外包装上标示的“espresso maker（意式浓缩咖啡制造者）”字样，清楚说明其原创精神来自“外出型意式咖啡机”。不论在室内、户外或旅行，都能轻松压出一杯很棒的咖啡！而且可依个人喜好或需求，加热水或牛奶，制成热的美式、卡布奇诺与拿铁咖啡。与意式机相比，风味更是毫不逊色。

如此多元运用、富于变化的特性，让爱乐压堪称近十年来最热门、最有趣的咖啡冲煮器具，甚至从2008年开始，每年都有世界级的爱乐压大赛。

爱乐压原理示意图

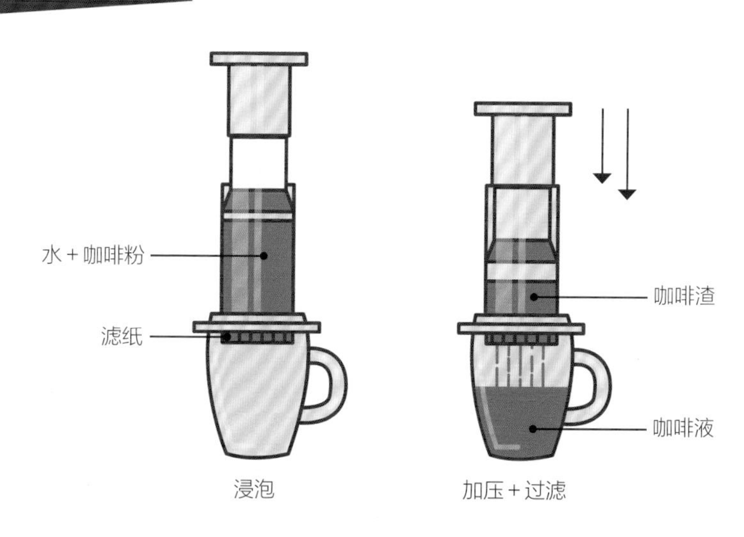

爱乐压专用器材介绍

认识爱乐压

爱乐压采用六角形纸筒包装，内含压杆、滤筒、滤器、专用滤纸（350张）、滤纸座、进粉漏斗、搅拌棒与咖啡量匙（一匙约15g）。

压杆（压筒）

底部橡胶制密封塞能产生气密效果，靠着所形成的压力，将液体完整挤压出来。

滤筒（冲煮座）

筒身上清楚标示的①②③④号码，代表容量的刻度，每个刻度有60ml的容积，可取代称重工具。

滤器

有孔洞，须要装上滤纸才能使用。

滤纸和滤纸座

每个全新包装的爱乐压皆附赠350张滤纸，并有专用滤纸收纳座。

搅拌棒

宽度略窄于冲煮器口径的设计，使得深入底部搅拌时，可充分将未沾湿的粉末完全沾湿，并浸润于热水中。

进粉漏斗

可承接磨好的咖啡粉至冲煮器内，避免撒到外面；口径较小的随行杯，也可借助六角形的漏斗承接咖啡液至杯中。此外，还可倒放变成置物架。

冲煮架

在杯子的选用上，应选择负载强度足够、操作下压动作时杯身能保持稳定状态的杯子，直筒式马克杯为首选，其次是杯身稳固的随行杯。上宽下窄的咖啡杯因结构不够稳固，并不适合。玻璃下壶则因玻璃材质相对脆弱，且有开口，绝对禁止使用。如果没有合适的马克杯，建议订制高度适中的爱乐压冲煮架。

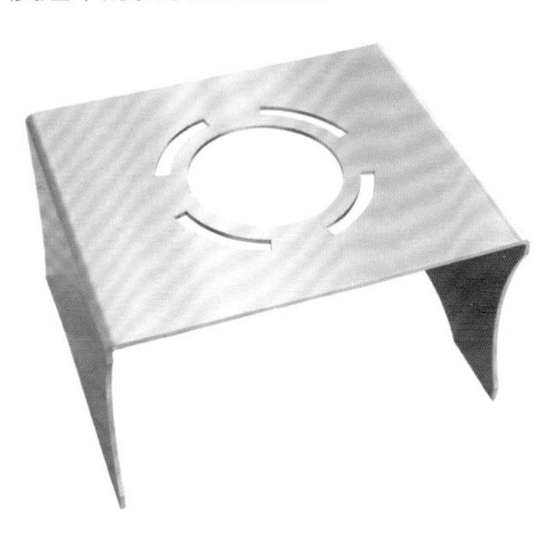

AEROPRESS爱乐压

充满创意与童趣的便利道具

被戏称为“大针筒”的爱乐压，不只使用方便，更充满操作性。看似简单的设计，也能变化出无限可能。

爱乐压冲煮重点

爱乐压主要冲煮方式有二：正放法和倒置法。前者是原厂使用方式，后者则是由爱乐压的使用者们开发出来的新方法。但冲泡原理都是相同的：包含第一阶段的“浸泡”与第二阶段的“挤压”。

正放法

爱乐压以“意式机的外出替代工具”为主要概念，所以与意式机相同，适合使用细研磨颗粒，搭配较快速的挤压节奏（细研磨的空隙小，热水不会太快通过）。以正放法萃取出的咖啡口感与意式机萃取的咖啡口感近似度达95%以上。整体来说，正放法浸泡时间短，施加压力大，在咖啡的表现上，清澈度较低，风味、线条较不清楚，口感偏甜。

倒置法

随着爱乐压的使用者增加，不少人开始尝试不同的冲泡法，例如搭配更粗的研磨颗粒或不同的烘焙度。正放法无法完整呈现这些参数的改变，倒置法也就应运而生。粗研磨的咖啡粉，若使用正放法，会使热水太快通过咖啡粉层，造成萃取不足。运用倒置法可以让咖啡粉充分浸泡。咖啡整体表现上，清澈度高，酸质较明显，味道的细节与层次感也更清楚。

流程示意图

正放法

滤器与滤筒组合 → 倒粉 → 注水 → 浸泡 → 挤压

倒置法

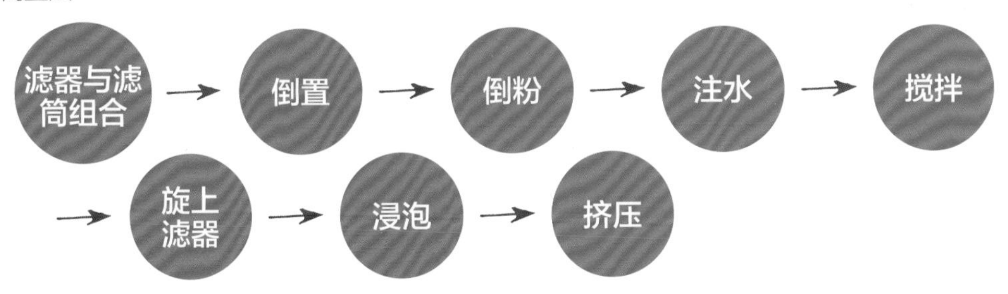

正放法与倒置法的示范比较

差异＼方法	正放法	倒置法
咖啡粉粗细	细研磨	较适合粗研磨
浸泡时间	短	长
萃取物质	挤压萃取物质较多	挤压萃取物质较少
风味	偏甜	酸质明显
层次	层次较不清楚	细节明显，层次分明
清澈度	咖啡液较混浊	咖啡液较为清澈
常见用途	Espresso等中深焙咖啡	浅焙的单品咖啡

Tips

以上比较仅显示职人示范时的差异，并非绝对。可依个人喜好，自由调整，多方实验，创造属于自己的创意冲煮！

爱乐压的选购配件与购买方式

一般爱乐压皆采用滤纸过滤，口感相对干净。如果想要尝试咖啡油脂更浓郁的风味，可以考虑选购美国Able Brewing出品的爱乐压专属不锈钢滤网（有“标准”与“极细”2种规格）。使用金属滤网，可以节省滤纸的消耗，相对环保；而且压出咖啡的口感也更接近法式滤压壶，喜欢浓郁口感的读者不妨一试。

另外，Able Brewing也推出了爱乐压专用的防尘盖，套在清洁完毕的滤筒上，可避免脏污进入，下次冲煮前即不必再次清洁，方便随身携带使用。

目前若想购买爱乐压及相关耗材、配件，除在一般咖啡用品零售商后购买外，也可通过网络订购。

爱乐压（正放法）步骤示范

示范职人：王乐群

肯尼亚水洗Kangunu（康古努）

中深焙

中深焙的肯尼亚水洗Kangunu，入口带有热带水果、黑莓、陈醋栗等风味，尾韵如柑橘般回甘。

本单元由2015年中国台湾爱乐压大赛冠军、现任道南馆咖啡师、烘豆师——王乐群示范，并详细说明两种常见的爱乐压冲泡方法：“正放法”与“倒置法”，让初学者也能一目了然、立刻上手。

研磨后示意图——细研磨（刻度1）

豆种：肯尼亚水洗Kangunu

烘焙：中深焙

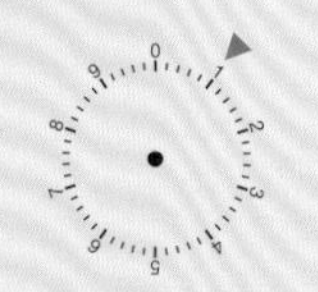

研磨度：细研磨

咖啡粉：22g

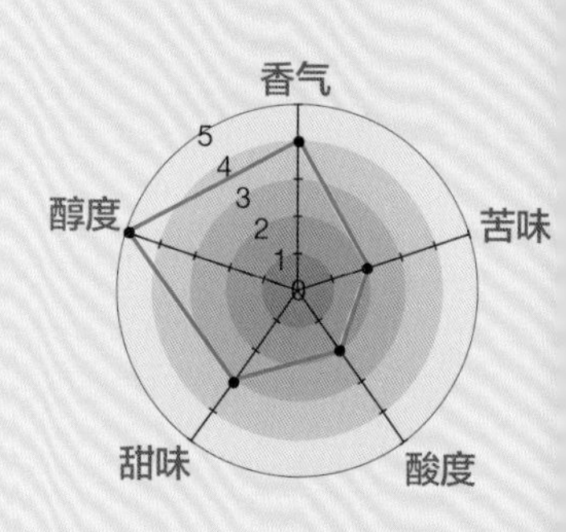

用水量：120ml（容量刻度②）

水温：80℃

粉水比：1:8

1 **前置作业**

从滤筒底部推动压杆，将压杆轻松拉出。

2 将滤纸放入滤器,滴几滴水,让滤纸服贴。

3 将滤器锁上滤筒，旋紧。

4 滤筒竖立于稳固的杯子上，进粉漏斗置于滤筒上，倒入咖啡粉。并稍微摇晃滤筒，使咖啡粉平均铺匀。

5 **浸泡**

注入80℃的热水至容量刻度②。

6 用搅拌棒把浮上来的咖啡粉压到水里面，接着伸到底部充分搅拌，约10秒钟完成（最长不超过30秒）。

7 **挤压**

套上压筒，手肘弯曲、下手臂与水平面呈90°角，以单手均匀平缓地向下挤压，20～60秒内完成挤压。

Tips

滤器若没锁紧，会造成液体或细粉泄出，冲煮结果会不太理想。

爱乐压好玩之处在于容错率很高，拿来做深焙、浓缩咖啡，即使稍有误差，结果都还令人满意。

用过的爱乐压经过清洗、收纳之前，需将压杆推到底，确保橡胶密封塞不变形，即可延长使用寿命。

爱乐压（倒置法）步骤示范

示范职人：王乐群

浅焙

浅焙的Kangunu有着白甘蔗般的清甜，带有杨桃香气，口感明亮。

研磨后示意图——粗研磨（刻度9）

豆种：肯尼亚水洗Kangunu

烘焙：浅焙

研磨度：粗研磨

咖啡粉：15g

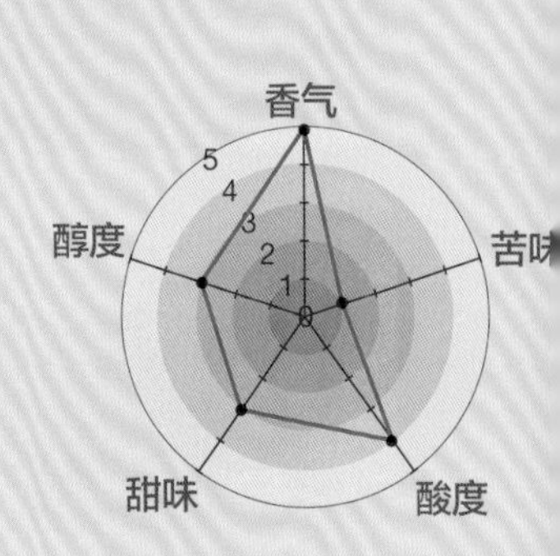

用水量：150ml

水温：86℃

粉水比：1∶10

1 **前置作业**

将压杆套进滤筒，塞好。

2 将套好压杆的滤筒倒置在电子秤上，咖啡粉倒入滤筒内。

3 **浸泡**

注入86℃的热水，开始计时。以电子秤计量到150ml便停止注水。

4 30秒后，以搅拌棒来回搅拌数次，并将浮在表面的粉压到水里。

5 将装好滤纸的滤器锁上滤筒，旋紧。静置。

6 1分40秒后，转为正放法。

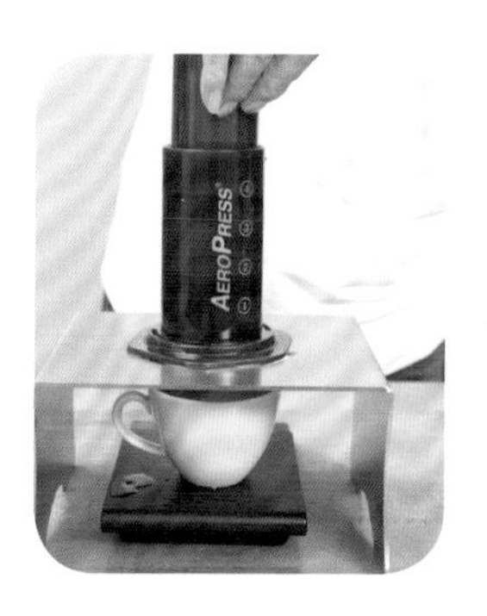

7 **挤压**

置于马克杯上方，手腕与手臂与水平面呈90°角，以单手均匀、缓慢地挤压。在60秒内完成挤压。

Tips

正放法使用细研磨咖啡粉，搭配较低的水温，可以平衡酸质的表现；倒置法使用粗研磨咖啡粉，可搭配较高的水温来冲泡。

咖啡小常识

邱昌昊／整理

世界咖啡大赛
咖啡界的年度盛事

想冲一杯好咖啡，除了持之以恒的练习外，也可考虑积极参加赛事来磨练自己的技术。而说到咖啡赛事，就不能不提咖啡界的年度盛事——世界咖啡大赛。

世界咖啡大赛World Coffee Events（WCE）

世界咖啡大赛（或称世界咖啡组织）由欧洲精品咖啡协会（SCAE）与美国精品咖啡协会（SCAA）合作成立，每年定期举办全球咖啡赛事，包括：

* 世界咖啡大师大赛World Barista Championship（WBC）
* 世界拉花艺术大赛World Latte Art Championship（WLAC）
* 世界咖啡冲煮大赛World Brewers Cup （WBRC）
* 世界咖啡调酒大赛World Coffee in Good Spirits Championship（WCIGS）
* 世界咖啡杯测大赛World Cup Testers Championship（WCTC）
* 世界咖啡烘焙大赛World Coffee Roasting Championship （WCRC）
* 世界土耳其咖啡大赛World Cezve / Ibrik Championship（WCIC）

各项赛事中，世界咖啡大师大赛以电动意式咖啡机为主要冲煮器材。而世界咖啡冲煮大赛，则限定冲煮器材必须是手动的，不得使用热源以外的其他动能。这些手动器材，正是本书介绍的重点。

世界咖啡冲煮大赛（WBRC）基本规则

世界咖啡冲煮大赛中，除磨豆机外，选手只能使用手动冲煮器材。有两种比赛方式，一是“指定冲煮”，一是“自选冲煮”。

“指定冲煮”使用主办方提供的咖啡豆，有5分钟的准备时间，以及7分钟的比赛时间（实际冲煮、呈送），不做额外的介绍或表演。

“自选冲煮”使用选手自备的咖啡豆，有5分钟的准备时间，以及10分钟的比赛时间，呈现给评审的同时，要结合表演元素，加深咖啡体验。

两项比赛方式，皆要在规定的时间内完成3杯不含其他添加物的热咖啡（3位评审1人1杯），咖啡浓度不得超过2%；每杯咖啡容量须介于150～350ml，如果少于120ml或多于375ml，则该杯咖啡将丧失评分资格。

中国台湾地区选拔

看完世界咖啡冲煮大赛的简介，是否也让你兴起一试身手的念头呢？不过在参赛之前，得先从地区选拔赛中脱颖而出。目前中国台湾地区选拔赛由台湾咖啡协会（Taiwan Coffee Association）主办。各项赛事的举办时间以及每年的情况都略有不同，有意参加者请到中国台湾咖啡协会官网查询（http://www.taiwancoffee.org/）。

咖啡职人的咖啡馆

职人的咖啡馆

靐品咖啡

芦洲集贤路上的新兴咖啡店

强调自家烘焙与咖啡教学，并以当地文化为经营特色，使得于2015年开业的靐品咖啡，在芦洲一带已逐渐建立起知名度，拥有不少的追随者。老板李明儒早期曾任职于胡元正的“饕选咖啡”，在胡老师的调教下，对于冲煮技术、开店咨询方面学有所长，能在短时间内迅速发现冲煮问题并予以校正，是多家开店业者的咖啡冲煮技术指导。

回到原始的初心

李明儒是地道的芦洲人，与芦洲有着很深的地缘关系。“我小时候的芦洲，还只是个人烟稀少，到处都是农田的僻壤之地。”曾几何时，集贤路上高楼大厦鳞次栉比，银行、商店林立，人口结构的改变为此地带来剧烈的变化，现在的芦洲已不是人们既存印象中的荒芜之地。李明儒决定开这家咖啡店，主要原因是想圆已故母亲的梦。李明儒从初中开始，生活周遭就时时刻刻围绕着咖啡与香气，爱喝咖啡的母亲天天在家冲煮咖啡，“开一家咖啡店”是她毕生最大的梦想。后来母亲罹病，开店的计划就此耽搁下来。母亲过世后，李明儒与妹妹决定从门槛较低的传统早餐店开始尝试，并大手笔购置一台商用意式咖啡机现煮咖啡，这在当时十分罕见，曾引起一阵不小的骚动，因咖啡品项的价格不变，因此也培养出一批爱喝咖啡的忠实顾客。李明儒从早餐店踏出第一步，由意式咖啡机出发到其他咖啡冲煮法的钻研与烘豆技术的进修，展开一场咖啡学习之旅。

2014年，李明儒得到“海南福山国际咖啡冠军挑战赛”的冠军之后，酝酿多年的开店想法瞬间清晰起来。翌年3月，靐品咖啡正式成立，至此才真正完成母亲的梦想。会选在集贤路上开店，理由很简单，因为店面是父亲的，而且离家很近。李明儒笑着说：“还是要付店租啦！只是没有包袱与限制，有较多挥洒的空间。”当然，孝顺的他也希

DATA（资料）
地址：新北市芦洲区集贤路220号
营业时间：13:00～20:00（周四公休）
联系电话：（02）2289-9329

望提供一个没有任何压力的场所，让退休的父亲可以随时招待自己的朋友，享受舒适的咖啡时光。另外一个原因是，相较于台北市区精品咖啡市场已趋饱和的情形，芦洲地区就像是咖啡沙漠，是极具潜力与发展空间的处女地。

趣味店名，深刻用意

店名取做“馫”，是来自李明儒父亲的创意。李爸爸认为，咖啡与香气有绝对的关联性：烘豆时很香，煮咖啡时很香，闻起来很香，喝起来更香，一连串的香气的总和就结合为“馫”（发音同“兴”），三是多的意思，三个香字则代表许多香气之意。单纯的联想却衍生出多重的用意，意义不凡。

李明儒回到自己家乡，从小居住的地方，凭借着地利人和的优势，加上自己的努力来服务客人，分享关于咖啡的心得与理念。他让当地民众知道，想喝好的咖啡不用大老远跑到台北市去，在芦洲的馫品咖啡就有了。此外，李明儒想以自己所学，分享给想要踏入这个行业的人，提供他们一个学习咖啡、了解咖啡的渠道。所以开店以后也同时规划咖啡相关课程，包括烘豆、意式咖啡、手冲咖啡等，利用开店前与打烊后的时段进行教学。其他关于开店业务的细节也一并提供咨询。

全方位的服务

要训练一名专业又熟练的吧台手需要一段时间，但有些计划开店的业者不太可能先训练好吧台手再开店，李明儒的任务就是协助这类客户在一定时间内，制定出一套安全的模式，让客户能够适应。“接下来再逐步加强客户端吧台的训练，直到他们上手为止。所以，将各种冲煮技巧以简单易懂的方式传授给委托的客户，协助他们解决问题、排除困难，也是我们的强项之一。”值得称许的是，馫品咖啡提供的是全方位“一条

美式咖啡 90
調味拿鐵 120
摩卡咖啡 120
香蕉義式巧克力 130
蘇打系列 100

龙”的服务。如果客人买了靐品咖啡的豆子回去，以同样器具冲煮出来的味道，却跟在店里喝的落差太大，店家会很乐意为客人抽丝剥茧、找出症结所在。“这是我开的店、我卖的豆子，我就有责任与义务将正确的冲煮法分享给客人，这也是开这家咖啡店最重要的意义与目的。”

靐品咖啡位处住商混合区的大马路旁，挑高的天花板让室内空间显得相对宽敞，即使容纳了大型烘豆机也不显拥挤。店内提供的单品豆与配方豆全为自家烘焙。对于烘豆机的管理，李明儒特别花了一番工夫。有别于多数店家通常只做静电或再加活性炭二道处理，靐品咖啡则再加上“水洗”这个程序。第一道先使用水洗机将油类清掉，第二道静电机则用来去除油烟，第三道活性炭的功能主要是去除过重的味道。由这些细节可以了解店家经营的用心。

在咖啡选项方面，菜单上清楚标示着每个咖啡豆的处理方式与烘焙度，特色之一是以意式咖啡机做单品咖啡，“1＋1浓缩组合”（一杯浓缩咖啡＋一杯卡布奇诺）是热门商品，点单率非常高。李明儒想要做出独特风味的单品浓缩，他追求的是足够的黏稠度，“因为黏稠的口感才会有甜感。”店内甜点亦皆自制，香蕉磅蛋糕、雪藏乳酪、麻糬松饼等，种类不多但用料实在。其中香蕉磅蛋糕是咖啡师钟志廷的拿手料理，也是店内的招牌甜点。“甜点若跟厂商批发，缺乏自家特色，成分、原料也无法完全掌控。自己亲手做不仅让客人放心，也代表着我们最大的诚意。”

山田珈琲店

日本KŌNO器具中国台湾专卖店

山田珈琲店于创业初始从事的是牙买加蓝山咖啡生豆的代理，名片上出现的蜂鸟图案，正是牙买加的国鸟，也说明了山田珈琲店当初这一段历史与渊源。

KŌNO本格派在台唯一传承

“本格”一词引进自日本，指的是“正统”“正宗”之意。2009年山田珈琲成立后，即以有系统的代理并销售日本KŌNO品牌的咖啡器具为主要业务，包含KŌNO的器材、器具、冲煮方式，以及咖啡教学的讲座课程。虽然KŌNO的品牌策略一开始主要针对店家，但随着在家冲煮咖啡的风气愈见兴盛，向来朴实低调的KŌNO，也逐步开发家庭市场，着手生产彩色系列滤器、木柄把手玻璃下壶商品等，让想在家里冲出一杯风味绝佳的咖啡的消费者，都能有更多不同的品项可以选择。

山田珈琲店小小的，店面里有一张长形吧台，最多可容纳五六张椅子，这里就是店家示范冲煮咖啡的冲煮台，也是与上门选购器具、咖啡豆的客人交流互动的空间。与一般咖啡店不同，山田珈琲店不卖一杯一杯的咖啡。虽然不提供一般咖啡店的服务，但消费者只要进到店里，任何关于豆子、器具或冲煮方式的疑问，店家都很乐于解答，并现场示范冲煮，与您分享一杯杯风味绝伦的咖啡。

位在中和捷运站附近热闹巷弄内的山田珈琲店，进门右手边，整齐摆放着一罐罐烘好的新鲜咖啡豆，从浅焙、中焙、深焙到极深焙，从日晒、水洗到蜜处理，一应俱全。左手边则陈列着各式器具、器材，包括赛风壶组、锥形滤器系列、滤纸、滤布、手冲壶、磨豆机等，从咖啡豆到冲煮器具的选购，都可在此一次完成。虽然大街小巷咖啡馆林立、选择也很多，但消费者的咖啡意识与层次已日渐提升，自己动手冲煮也成了一种

DATA
地址：新北市中和区新兴街17巷9号1F
营业时间：13:00～21:00（周二公休）
联系电话：（02）8925-3770

趋势。若以品质很好的咖啡豆来说，自己冲煮其实更符合经济效益、也更有乐趣。山田珈琲店就像“咖啡顾问”一样，提供了这样的环境、服务与咨询渠道。

喝咖啡的正确观念

店长表示，想要自己动手冲煮出一杯好喝的咖啡并不难，只要遵守几个条件就能做到。第一，豆子要新鲜。如果使用了不新鲜的材料或原料，怎么煮都不会好喝。第二，选择能用适当烘焙方式烘豆的店家。有了好的、新鲜的食材与原料，也要有懂得料理的店家。第三，选对冲煮器具。第四，懂得器具的正确使用方式。如果能做到这四件事，绝对可以冲煮出一杯非常棒的咖啡！

许多消费者认为，自己又不是专业咖啡师，在家冲泡的咖啡能喝就好。其实，一杯好喝、好品质的咖啡，是可以让人放松心情、拥有幸福感的。好的咖啡喝了之后不会心悸、不舒服，身体也不会有任何负担，晚上不但不会失眠，还会很好入睡。让消费者都能体验到自己冲煮咖啡的乐趣，也是山田珈琲店正在努力的目标。

很多咖啡店因为量大，基于成本、人力种种因素的考量，不太可能事先挑豆子，好的不好的豆子一起烘焙一起磨。不好的、不健康的豆子里面有很多虫蛀、发霉等状况，这些对身体都会造成不良的影响，也是形成心悸、胸闷、失眠等现象的主因。因为深刻了解到不健康的咖啡豆对身体的负面影响有多大，山田珈琲店内才会对生豆的采购十分严格，在店里贩售的咖啡豆，都经过层层筛选，没有瑕疵、虫蛀、发霉等状况，对身体不会产生负担。

KŌNO
KŌNO
MEIMON
POT

240
120cc
120g

自家烘焙特選咖啡豆
日本KŌNO咖啡器具
KŌNO式手沖教室
“点滴式手沖”
歡迎参観!!

自家焙煎
KŌNO
JULY
2 7

以认真负责的态度，提供健康美味的好咖啡

有的豆子还没长大、成熟，照样采收下来，卖到世界各地。但在山田珈琲店，这种豆子都会被挑掉，通常送到店里的生豆，品质已在水准之上。然而基于还要更好的坚持，店里还会再淘汰9%～14%，即使是事先经过处理的精品豆，到店里还会再挑掉6%左右。只有当年做牙买加蓝山生豆时，因为是非常顶级的豆子，在产区已事先处理，所以淘汰率不到3%，山田珈琲的严谨程度可见一斑。经过层层关卡挑过的健康好豆子，再经过正确的冲煮方式呈现出来的咖啡，可以唤醒我们五官的神经，还未入口前的香气首先挑起了嗅觉，一口入喉后的浓郁醇厚，“黑巧克力＋坚果香气＋焦糖甜味”，更是余韵无穷。

虽说只要有豆子出现发霉、虫蛀现象，同一批豆子或多或少就有可能也受到感染，豆子挑得再仔细再用心，也很难达到百分之百零瑕疵的地步。但在目前尚未有科技或仪器可完全克服这项缺失之前，像山田珈琲店这样愿意花较高成本进口优质咖啡生豆、在源头严格把关，并且花较多时间与人力一再挑豆的做法，已是非常负责任的态度。身为消费者，诚挚期盼山田珈琲店能秉持如是精神与原则，永续经营、持续传承。

从生豆的挑选、烘焙的技术，到器具的选择与冲煮方式的传授，山田珈琲店提供了咖啡业中上游的全方位服务，除了销售相关器具与咖啡豆，更定期于店内开设咖啡冲煮课程，分享冲煮技巧与咖啡信息。只要经过基本的训练，搭配正确的冲煮器具与方式，加上品质不错的豆子，自己冲一杯好咖啡的愿望，一点都不难实现。此外，希望消费者都能喝到健康的好咖啡，了解健康咖啡的优点，能充分享受好咖啡的乐趣与益处，更是山田珈琲店想要传达的咖啡哲学与理念。

咖啡叶

来自中国台湾的“叶店”传奇

原木吧台、皮质沙发、墙上的木吉他和各类艺文沙龙信息，“浓浓的文青味”是咖啡叶给我的第一印象。店内空间不大，但却舒适迷人，往外拓展的半户外座位区，挑高的天花板与延伸的空间，更让咖啡叶多了一份开阔的感觉。

刻意选了星期一采访，原以为可以避开人潮，没想到开店不到两小时就客满，外带咖啡的比例也相当高。忙碌的冲煮台上，不停地端出一杯又一杯的琥珀色汁液，整个下午门庭若市，顾客络绎不绝，让人见识到这家咖啡名店的惊人魅力。

隐身于台中市丰原区巷弄内的个性咖啡店，外观不起眼、内装也朴实无华，却能闯出一番名号，一定有其独到的经营模式与特别突出之处。

逆势操作的“酸咖啡专卖店”

9年前，叶世煌的店还在市区博爱街，店名也叫咖啡叶，但店面是租来的。当时浅焙的豆子接受度还不高，因此他还兼卖早餐、松饼、三明治等，咖啡的选择也是较为大众化的一般豆子。经过三年的经营，客源亦逐渐稳定，才搬到目前的自家店面。

开店至今第六年，也从原来的中深焙豆子，逐渐做出阶段性的转型，因发现浅焙的豆子原来有那么多的丰富性与变化性。一开始同时提供浅焙和中深焙豆子，然后慢慢让客人尝试叶世煌所喜欢的浅焙味道，最终得到客人的认同。当客人喝习惯了，也了解二者之间的差异，多半觉得浅焙的也不错，还能喝到更多的风味，慢慢就会做出取舍。到现在，经营方式已经纯粹以咖啡为主，再搭配几样自制的甜点，走的是以浅焙与极浅焙的单品咖啡为主体的酸咖啡风味路线。

DATA

地址：台中市丰原区西安街95-5号

营业时间：12:30～22:00（周二公休）

联系电话：（04）2522-2005

目前中国台湾专门做浅焙、卖浅焙咖啡的店家虽然越来越多，但相对于中深焙的咖啡店，还是少数。以咖啡叶的现况而言，附近方圆1千米内有十二三家咖啡店，但专卖浅焙咖啡的却只有咖啡叶。客人1/3是本地人，2/3来自外地，而外来顾客有比较愿意尝鲜的特质，也让浅焙咖啡更有发展的空间。

“有时候，不是我们咖啡冲太淡，是大家都喝太浓”，这是咖啡叶的标语之一。强调专卖酸咖啡，而且直接把“酸咖啡专卖店”六个字清楚印在名片上的，叶世煌在业界应是第一人！叶世煌非常清楚，自己卖的酸咖啡跟以往大家喝到的酸咖啡是完全不同的东西。他有信心会有越来越多客人愿意尝试，并且接受他做的酸咖啡，而事实证明，他的确做到了。

独一无二的点餐模式

“全世界有那么多来自不同产区、不同品种与不同处理方式的咖啡，它们各自拥有不同的风味，但我们对味觉的记忆点无法停留那么久，所以如果能在同一时段喝到几杯不同的咖啡，就能轻易分辨出其中的差异，感受不同的咖啡风味与特色。”

于是，叶世煌为了让更多客人都能享受到这种乐趣，率性地在菜单上提供几种不同的点餐方式与组合。譬如“咖啡任意喝”是以不到45元人民币的价格就能不限杯数、不限品项，喝到多杯不同的咖啡。由于咖啡叶主要供应浅焙与极浅焙咖啡，淡咖啡层次分明，同时保有果香味，虽不若深焙咖啡浓郁醇厚，但相对的口感清爽，喝起来毫无负担，因此一次喝个五六杯咖啡的客人也大有人在。

如果只是想单纯享用一种咖啡，选择“自选咖啡”，除了供应一杯热咖啡，还附赠一杯冰咖啡，让客人在“品尝冰咖啡的香气、味道和层次之外，还能先清除口中残留的味道，让味蕾更敏锐……”这样的消费也才需要30元人民币，真是物超所值，价值远远超越价格。

这样的点餐方式堪称创举，不论是一冷一热的选项，还是尝试多种不同咖啡的“咖啡任意喝”，都能带动客人多多接触浅焙咖啡，进而对浅焙咖啡有更多的认识与了解，这也是叶世煌开店初始，面对市场划分的问题时所规划的经营方式。此外，征询客人喜好，为客人量身冲煮一杯浓淡适宜、口感丰富的好喝咖啡，也是咖啡叶开业至今的待客之道。

咖啡叶的开店哲学

以碗盛装咖啡也是咖啡叶的特色之一。叶世煌表示，用碗喝咖啡不是要帅或搞噱头，主要是用来试咖啡。因为碗口宽度够宽，适合用来观察色泽与油脂的分布，而且看得出透亮度与分层的状况。

在以前多为中深焙市场的年代，浅焙咖啡相对显得独特，如今越来越多消费者关注浅焙咖啡这个领域，愿意尝试与接受。咖啡叶的酸咖啡专卖店已经打出名号，在业界也有一席之地。然而，经营一家店必须迎合很多客人的喜好、兼顾不同顾客的需求，所以店里也有近两成的中深焙咖啡豆供客人选用。目前店内共有四五十种咖啡豆，包括10种左右的中焙与中深焙咖啡豆，配方豆的部分仅限于意式咖啡。把豆子放在玻璃罐中让客

人随意比较、选择，这种开放的方式，对客人来说也是一种有趣的体验。其他还有自制的甜点、蛋糕，品质都很上乘，如咖啡柠檬片、抹茶乳酪、芝士蛋糕……品项不多，但样样经典。

咖啡本身是很有趣的东西，且不论手冲咖啡可以运用的条件很多，光是喝咖啡这件事，就有许多值得学习、探究的地方。“但很多人在学咖啡的过程中很容易被一些条件、数字给框住，譬如一定要多少的粉水比、豆子一定要磨多粗或多细……”或者喝到清爽甘甜、口感近似茶饮的咖啡时，反应竟是：“不够浓，一点都不像咖啡……这就是被以往对咖啡的既定印象给局限了。”其实咖啡豆一经采收，就一直在变化，因此关于咖啡豆的数字都是僵固的，只是辅助我们去认识咖啡而已。“我们更应该思考的是，如何呈现一杯咖啡的整体风味？如何传达豆子的特色？以及想带给客人的，到底是什么？”

诚如叶世煌所说，喝咖啡是一种生活习惯。习惯了，就能形成一种生活形态，融入日常生活之中。他想做的，是提供一个舒适、让人放松的环境，以及有品质的好的咖啡，让来到咖啡叶的客人都能尽情享受一杯咖啡所带来的宁静时光，了解不同咖啡在风味上的变化，并得到适度的充电与休息。这也是叶世煌最衷心的期盼。

职人的咖啡馆

Peace & Love Café
时尚现代的复合式咖啡馆

DATA
地址：新北市新店区民权路42巷18号
营业时间：09:00～21:00
联系电话：（02）7730-6199

从11年前在景美开了第一家店Jim's Burger & Café之后，简嘉程以稳定又有效率的节奏，陆续在木栅与新店分别开设了Coffee88以及Peace & Love两家各具特色的咖啡店。Jim's Burger & Café主要经营的是早午餐，咖啡种类多属于较为浓烈的醒脑型咖啡，口味比较浓郁、强烈、厚重，但仍带有些许精致型的花香味，一大早喝到这种咖啡就很提神、很兴奋，一整天都能充满活力与干劲！

第二家店Coffee88则设定为社区型的咖啡馆。因地域性的关系，固定会有一部分社区型的客人。豆子的烘焙度属于中焙，不酸不苦还带着微微的甜，喝起来舒舒服服的，有一种清新的幸福感，很适合作为早晨散完步后的饮品。加上店狗Ohya的真心守护，不知不觉也有了一批忠实顾客，让这栋二层楼的温馨小栈更增添许多温暖和乐的气息。

咖啡冠军的第三家店

至于开店逾两年的Peace & Love，是目前面积最大的一家店。当初地点会选在新店，主要是以“烘焙厂”的概念来考量，开店反而不是主要的

COFFEE
88
咖啡捌拾捌

想法。因为开始做咖啡豆销售的业务之后，需要一个可以容纳并储存咖啡豆的地方，这里便符合这样的条件。加上后有科学园区、邻近捷运站，又是个住宅密度较高的区域，简嘉程和太太没考虑太多就决定再开这家Peace & Love。

目前Peace & Love总共有七位咖啡师，轮流排班，隔壁是烘焙厂，地下室则是员工休息与训练的地方，营业空间大约528平方米，前后都有阳台与座位区，是一个可以让人休息、舒压的空间。

高CP值的复合式精致餐饮空间

一踏上Peace & Love大门外的木质阶梯，一旁南洋风的木造座椅就先营造出休闲的气氛，店的招牌不大也不明显，不仔细看还不容易找得到。一走进店里，开阔的视野、明亮的空间与现代化的设计，让人眼睛一亮！井然有序的咖啡冲煮器具陈列柜、一张至少可容纳十个人的长型大木桌同时映入眼帘，往内走则分别是一般座位区与沙发区。走到后阳台又是另一番风景，宽敞舒适的空间，阳光普照的日子里，可以在这里尽情享受美好的午后时光，又不用怕会被晒黑。店里的餐点也很到位，厨师精湛的手艺，是网友心目中品质很高的复合式咖啡店。

Peace & Love Café供应的餐点类型，包括选择丰富的全天候早午餐、各类意式与单品咖啡，以及可可、抹茶与法式香颂茶等多种饮品。简嘉程推荐店内的卡布奇诺，是将意式机一次煮出的两杯Espresso，分别加入不同分量的牛奶，呈现出不同口感。大杯的牛奶较多，口感滑顺；小杯则表现出意式咖啡的浓郁焦香。另外也值得推荐的是“荔枝冰咖啡”，荔枝果浆与咖啡的神奇搭配，荔枝的甜香与咖啡的明亮酸质，喝起来格外爽口。

简嘉程对于扩展开店有他完整的想法与规划。“我想做的是比较精致型的咖啡店，不是单卖咖啡而已，销售的是一处空间、一个场所、一种氛围。来到这里，可以同时拥有视觉、听觉、味觉与嗅觉的多重享受，着重的是整体的营销与销售模式，咖啡只是比较着重的其中一环。”简嘉程的未来，还充满着许多机会与可能性，我衷心期盼他的第四家、第五家咖啡店……

图书在版编目（CIP）数据

咖啡冲煮大全：咖啡职人的零失败手冲秘籍 / 林蔓祯著. -- 南京：江苏凤凰科学技术出版社, 2018.4
ISBN 978-7-5537-8688-9

Ⅰ. ①咖… Ⅱ. ①林… Ⅲ. ①咖啡－配制 Ⅳ. ①TS273

中国版本图书馆CIP数据核字(2017)第278572号

咖啡冲煮大全：咖啡职人的零失败手冲秘籍

著　　者　林蔓祯
摄　　影　杨志雄
策　　划　陈　艺
责任编辑　祝　萍　陈　艺
责任监制　曹叶平　方　晨

出版发行　江苏凤凰科学技术出版社
出版社地址　南京市湖南路1号A楼，邮编：210009
出版社网址　http://www.pspress.cn
印　　刷　广东金冠科技股份有限公司

开　　本　718 mm × 1000 mm　1/16
印　　张　10
字　　数　200 000
版　　次　2018年4月第1版
印　　次　2018年4月第1次印刷

标准书号　ISBN 978-7-5537-8688-9
定　　价　68.00元

图书如有印装质量问题，可随时向我社出版科调换。